厄瓜多尔辛克雷水电站规划设计丛书

第五卷

大断面深埋长隧洞设计

邢建营　主编

黄 河 水 利 出 版 社

·郑 州·

内容提要

本书为《厄瓜多尔辛克雷水电站规划设计丛书》第五卷，主要内容为辛克雷水电站大断面深埋长距离输水隧洞相关设计与施工。全书共分为9章，包括工程概况、基本资料、输水隧洞布置方案、输水隧洞水力设计、输水隧洞结构设计、隧洞灌浆与排水、TBM不良地质问题及处理措施、设计优化变更及专利成果、总结。辛克雷输水隧洞在整个辛克雷水电站工程中起到承上启下的关键作用，隧洞全长24.83 km，最大埋深722 m，设计过程中结合地下洞室结构特点及工程总体布置、地质条件、施工进度、减少施工干扰等要求对输水隧洞进行总体规划布置，通过对其工程布置、输水方式、施工方法、结构设计等关键问题的研究和优化，有效地解决了投资、工期、安全、协调等问题，确保了总工期，目前输水隧洞运行良好。

本书可供国内外水利水电工程复杂地质条件的长隧洞规划、设计、施工等工程技术人员学习参考。

图书在版编目(CIP)数据

大断面深埋长隧洞设计/邢建营主编.—郑州：黄河水利出版社，2019.12

(厄瓜多尔辛克雷水电站规划设计丛书.第五卷)

ISBN 978-7-5509-2528-1

Ⅰ.①大…　Ⅱ.①邢…　Ⅲ.①水力发电站-大断面地下建筑物-建筑设计-厄瓜多尔　Ⅳ.①TV757.76

中国版本图书馆CIP数据核字(2019)第232599号

组稿编辑：简　群　电话：0371-66026749　E-mail：931945687@qq.com
田丽萍　66025553　912810592@qq.com

出版社：黄河水利出版社　网址：www.yrcp.com
地址：河南省郑州市顺河路黄委会综合楼14层　邮政编码：450003
发行单位：黄河水利出版社
发行部电话：0371-66026940、66020550、66028024、66022620(传真)
E-mail：hhslcbs@126.com
承印单位：河南瑞之光印刷股份有限公司
开本：787 mm×1 092 mm　1/16
印张：12.25
字数：285千字　印数：1—1 000
版次：2019年12月第1版　印次：2019年12月第1次印刷

定价：125.00元

总序一

科卡科多·辛克雷(Coca Codo Sinclair,简称CCS)水电站工程位于亚马孙河二级支流科卡河(Coca River)上,距离厄瓜多尔首都基多130 km,总装机容量1 500 MW,是目前世界上总装机容量最大的冲击式水轮机组电站。电站年均发电量87亿kW·h,能够满足厄瓜多尔全国1/3以上的电力需求,结束该国进口电力的历史。CCS水电站是厄瓜多尔战略性能源工程,工程于2010年7月开工,2016年4月首批4台机组并网发电,同年11月8台机组全部投产发电。2016年11月18日,习近平总书记和厄瓜多尔总统科雷亚共同按下启动电钮,CCS水电站正式竣工发电,这标志着我国“走出去”战略取得又一重大突破。

CCS水电站由中国进出口银行贷款,厄瓜多尔国有公司开发,墨西哥公司监理(咨询),黄河勘测规划设计研究院有限公司(简称“黄河设计院”)负责勘测设计,中国水电集团国际工程有限公司与中国水利水电第十四工程局有限公司组成的联营体以EPC模式承建。作为中国水电企业在国际中高端水电市场上承接的最大水电站,中方设计和施工人员利用中国水电开发建设的经验,充分发挥EPC模式的优势,密切合作和配合,圆满完成了合同规定的各项任务。

水利工程的科研工作来源于工程需要,服务于工程建设。水利工程实践中遇到的重大科技难题的研究与解决,不仅是实现水治理体系和治理能力现代化的重要环节,而且为新老水问题的解决提供了新的途径,丰富了保障水安全战略大局的手段,从而直接促进了新时代水利科技水平的提高。CCS水电站位于环太平洋火山地震带上,由于泥沙含量大、地震烈度高、覆盖层深、输水距离长、水头高等复杂自然条件和工程特征,加之为达到工程功能要求必须修建软基上的40 m高的混凝土泄水建筑物、设计流量高达220 m^3/s的特大型沉沙池、长 24.83 km 的大直径输水隧洞、600 m 级压力竖井、总容量达 1 500 MW 的冲击式水轮机组地下厂房等规模和难度居世界前列的单体工程,设计施工中遇到的许多技术问题没有适用的标准、规范可资依循,有的甚至超出了工程实践的极限,需要进行相当程度的科研攻关才能解决。设计是 EPC 项目全过程管理的龙头,作为 CCS 水电站建设技术承担单位的黄河设计院,秉承“团结奉献、求实开拓、迎接挑战、争创一流”的企业精神,坚持“诚信服务至上,客户利益至尊”的价值观,在对招标设计的基础方案充分理解和吸收的基础上,复核优化设计方案,调整设计思路,强化创新驱动,成功解决了高地震烈度、深覆盖层、长距离引水、高泥沙含量、高水头特大型冲击式水轮机组等一系列技术难题,为 CCS 水电站的成功建设和运行奠定了坚实的技术基础。

CCS 水电站的相关科研工作为设计提供了坚实的试验和理论支撑,优良的设计为工程的成功建设提供了可靠的技术保障,CCS 水电站的建设经验丰富了水利科技成果。黄河设计院的同志们认真总结 CCS 水电站的设计经验,编写出版了这套技术丛书。希望这套丛书的出版,进一步促进我国水利水电建设事业的发展,推动中国水利水电设计经验的国际化传播。

是以为序!

原水利部副部长、中国大坝工程学会理事长 矫勇

2019 年 12 月

总序二

南美洲水能资源丰富，开发历史较长，开发、建设、管理、运行维护体系比较完备，而且与发达国家一样对合同严格管理、对环境保护极端重视、对欧美标准体系高度认同，一直被认为是水电行业的中高端市场。黄河勘测规划设计研究院有限公司从2000年起在非洲、大洋洲、东南亚等地相继承接了水利工程，开始从国内走向世界，积累了丰富的国际工程经验。2007年黄河设计院提出黄河市场、国内市场、国际市场“三驾马车竞驰”的发展战略，2009年中标科卡科多·辛克雷(Coca Codo Sinclair，简称CCS)水电站工程，标志着“三驾马车竞驰”的战略格局初步形成。

CCS水电站是厄瓜多尔战略性能源工程，总装机容量1 500 MW，设计年均发电量87亿kW·h，能够满足厄瓜多尔全国1/3以上的电力需求，结束该国进口电力的历史。CCS水电站规模宏大，多项建设指标位居世界前列。如：(1)单个工程装机规模在国家电网中占比最大；(2)冲击式水轮机组总装机容量世界最大；(3)可调节连续水力冲洗式沉沙池规模世界最大；(4)大断面水工高压竖井深度居世界前列；(5)大断面隧洞的南美洲最长等。成功设计这座水电站不但要克服冲击式水轮机对泥沙含量控制要求高、大流量引水发电除沙难、尾水位变幅大高尾水发电难、高内水压低地应力隧洞围岩稳定差等难题，还要克服语言、文化、标准体系、设计习惯等差异。在这方面设计单位、EPC总包单位、咨询单位、业主等之间经历了碰撞、交流、理解、融合的过程。这个过程是必要的，也是痛苦的。就拿设计图纸来说，在CCS水电站，每个单位工程需要分专业分步提交设计准则、计算书、设计图纸给监理单位审批，前序文件批准后才能开展后续工作，顺序不能颠倒，也不能同步进行。负责本工程监理的是一家墨西哥咨询公司，他们水电工程经验主要是在20世纪后期以前积累的，对最近发展并成功应用于中国工程的一些新的技术不了解也不认可，在审批时提出了许多苛刻的验证条件，这对在国内习惯在初步设计或可行性研究报告审查通过后自行编写计算书、只向建设方提供施工图的设计团队来讲，造成很大的困扰，一度不能完全保证施工图的及时获得批准。为满足工程需要，黄河设计院克服各种困难，很快就在适应国际惯例、融合国际技术体系的同时，积极把国内处于世界领先水平的理论、技术、工艺、材料运用到CCS水电站项目设计中，坚持以中国规范为基础，积极推广中国标准。经过多次验证后，业主和监理对中国发展起来的技术逐渐认可并接受。

高水头冲击式水轮机组对过机泥沙控制要求是非常严格的，CCS水电站的泥沙处理设计，不但保证了工程的顺利运行，而且可以为黄河等多沙河流的相关工程提供借鉴；作为多国公司参建的水电工程，CCS水电站的成功设计，不但为CCS水电站工程的建设提供了可靠的技术保障，而且进一步树立了中国水电设计和建造技术的世界品牌形象。黄河设计院的同志们在工程完工3周年之际，认真总结、梳理CCS水电站设计的经验和教训，以及运行以来的一些反思，组织出版了这套技术丛书，有很大的参考价值。

中国工程院院士 马洪琪

2019年11月

总前言

厄瓜多尔科卡科多·辛克雷(Coca Codo Sinclair,简称CCS)水电站位于亚马孙河二级支流Coca河上,为径流引水式,装有8台冲击式水轮机组,总装机容量1 500 MW,设计多年平均发电量87亿kW·h,总投资约23亿美元,是目前世界上总装机容量最大的冲击式水轮机组电站。

厄瓜多尔位于环太平洋火山地震带上,域内火山众多,地震烈度较高。Coca河流域地形以山地为主,分布有高山气候、热带草原气候及热带雨林气候,年均降雨量由上游地区的1 331 mm向下游坝址处逐渐递增到6 270 mm,河流水量丰沛。工程区河道总体坡降较陡,从首部枢纽到厂房不到30 km直线距离,落差达650 m,水能资源丰富,开发价值很高。为开发Coca河水能资源而建设的CCS水电站,存在冲击式水轮机过机泥沙控制要求高、大流量引水发电除沙难、尾水位变幅大保证洪水期发电难、高内水压低地应力隧洞围岩稳定差等技术难题。2008年10月以来,立足于黄河勘测规划设计研究院有限公司60年来在小浪底水利枢纽等国内工程勘察设计中的经验积累,设计团队积极吸收欧美国家的先进技术,利用经验类比、数值分析、模型试验、仿真集成、专家研判决策等多种方法和手段,圆满解决了各个关键技术难题,成功设计了特大规模沉沙池、超深覆盖层上的大型混凝土泄水建筑物、24.83 km长的深埋长隧洞、最大净水头618 m的压力管道、纵横交错的大跨度地下厂房洞室群、高水头大容量冲击式水轮机组等关键工程。这些为2014年5月27日首部枢纽工程成功截流、2015年4月7日总长24.83 km的输水隧洞全线贯通、2016年4月13日首批四台机组发电等节点目标的实现提供了坚实的设计保证。

2016年11月18日,中国国家主席习近平在基多同厄瓜多尔总统科雷亚共同见证了CCS水电站竣工发电仪式,标志着厄瓜多尔"第一工程"的胜利建成。截至2018年11月,CCS水电站累计发电152亿kW·h,为厄瓜多尔实现能源自给、结束进口电力的历史做出了决定性的贡献。

CCS水电站是中国水电积极落实"一带一路"发展战略的重要成果,它不但见证了中国水电"走出去"过程中为克服语言、法律、技术标准、文化等方面的差异而付出的艰苦努力,也见证了黄河勘测规划设计研究院有限公司"融进去"取得的丰硕成果,更让世界见证了中国水电人战胜自然条件和工程实践的极限挑战而做出的一个个创新与突破。

成功的设计为CCS水电站的顺利施工和运行做出了决定性的贡献。为了给从事水利水电工程建设与管理的同行提供技术参考,我们组织参与CCS水电站工程规划设计人员从工程规划、工程地质、工程设计等各个方面,认真总结CCS水电站工程的设计经验,编写了这套厄瓜多尔辛克雷水电站规划设计丛书,以期CCS水电站建设的成功经验得到更好的推广和应用,促进水利水电事业的发展。黄河勘测规划设计研究院有限公司对该丛书的出版给予了大力支持,第十三届全国人大环境与资源保护委员会委员、水利部原副部长矫勇,中国工程院院士、华能澜沧江水电股份有限公司高级顾问马洪琪亲自为本丛书作序,在此表示衷心的感谢!

CCS水电站从2009年10月开始概念设计,到2016年11月竣工发电,黄河勘测规划设计研究院有限公司投入了大量的技术资源,保障项目的顺利进行,先后参与此项目勘察设计的人员超过300人,国内外多位造诣深厚的专家学者为项目提供了指导和咨询,他们为CCS水电站的顺利建成做出了不可磨灭的贡献。在此,谨向参与CCS水电站勘察设计的所有人员和关心支持过CCS水电站建设的专家学者表示诚挚的感谢!

由于时间仓促、水平有限,书中不足之处在所难免,敬请广大读者批评指正!

張金良

2019年12月

厄瓜多尔辛克雷水电站规划设计丛书
编 委 会

前　言

CCS 水电站位于厄瓜多尔共和国 Napo 省和 Sucumbios 省的交界处,总装机容量 1 500 MW,是该国战略性能源工程,是目前世界上规模最大的冲击式水轮机组水电站,也是中国公司在海外独立承担设计、建造的规模最大的水电工程之一。

CCS 水电站的基本设计及详细设计是在意大利 ELC 公司完成的概念设计基础上进行的。2009 年 10 月 5 日,中国水利水电建设集团公司与 CCS 水电站业主在厄瓜多尔总统府正式签署 EPC 总承包合同。2009 年 12 月 1 日,黄河勘测规划设计研究院有限公司与中国水利水电建设集团公司正式签订该项目的勘测设计与技术服务分包合同,在意大利 ELC 公司完成的概念设计基础上进行基本设计及详细设计,合同规定设计标准必须采用美国标准,设计成果必须采用西班牙语,业主的咨询方为墨西哥 Asociación 公司,按照业主与咨询要求,设计必须先报送设计准则,在设计准则获得咨询批准后才能报送计算书,在计算书批准后才能报送设计图纸。合同工期紧迫,且规定了巨额逾期罚款。整个工程于 2010 年 7 月开工建设,于 2016 年 11 月竣工。

CCS 水电站主要由首部枢纽、输水隧洞、调节水库、发电引水系统、地下厂房等建筑物组成。首部枢纽建筑物主要包括泄洪闸、排沙闸、发电取水口和沉沙池等;输水隧洞总长 24.83 km,采用 2 台开挖直径为 9.11 m 的岩石隧道全断面掘进机(Tunnel Boring Machine,简称 TBM)掘进施工;调节水库主要包括面板堆石坝、溢洪道、输水隧洞出口闸、发电引水系统进水口与放空洞等;发电引水系统设有 2 条引水隧洞,内径 5.8 m,地下厂房安装有 8 台 187.5 MW 冲击式水力发电机组,额定发电水头 618 m。

其中 CCS 输水隧洞设计引水流量为 222 m^3/s,设计内径

8.2 m，隧洞总长约 24.83 km，最大埋深 722 m，是目前南美已建的最长的大埋深输水隧洞。CCS 输水隧洞穿越的地层主要为花岗闪长岩侵入体（Gd）；侏罗系—白垩系 Misahualli 地层（J-K^{m}），岩性主要为安山岩、玄武岩、流纹岩、凝灰岩、熔结凝灰岩和角砾岩等；白垩系下统 Hollin 地层（Kh），岩性主要为页岩、砂岩互层，其中围岩类型主要以Ⅱ、Ⅲ类为主，Ⅱ类围岩约占 10.26%、Ⅲ类围岩约占 84.29%、Ⅳ类围岩约占 5.26%、Ⅴ类围岩约占 0.19%，工程地质问题主要有断层破碎带塌方、涌水等。隧洞采取全衬砌结构形式，进口底板高程 1 266.90 m，出口底板高程 1 224.00 m，纵坡为 0.173%，隧洞出口设事故闸门，闸室段后设消力池，采用 2 台双护盾 TBM 同时掘进，辅以钻爆法施工。

由于国际工程的特殊性及隧洞沿线地质条件的复杂性，为确保隧洞工程质量可靠、技术合理、工期合规和降低投资，我们针对 CCS 大断面深埋长隧洞设计中存在的关键技术问题进行了研究。输水隧洞洞径大、距离长、埋深大，其合理的布置和设计对电站的造价、运行条件影响巨大。通过工程布置和施工方案的优化论证，将输水隧洞优化为全线明流输水，大大简化了工程布置，改善了运行条件；采用“B、D”两种通用型管片形式衬砌，大大简化了施工布置，提高了 TBM 施工效率；采用国内外不同的标准（中标、美标、欧标）对管片衬砌结构进行计算分析，对管片强度、配筋、灌浆孔、定位孔、螺栓连接孔、燕尾槽等进行了合理布置和设计，保证了管片制作、脱模、安装时的施工质量，为复杂地质条件下长隧洞的设计、施工提供了可借鉴的经验。

（1）方案布置：针对概念设计阶段意大利 ELC 公司设计方案存在明满流过渡且流态转换频繁、转换点位置不固定、通气竖井施工难度大、需放空调蓄水库才能对隧洞出口段检修等缺点，提出了明流洞方案，取消了涡流竖井、坝内虹吸管以及两个通气竖井，简化了工程布置及施工、节约了大量投资。

（2）管片选型：隧洞设计内径 8.2 m，衬砌管片厚度只有 0.3 m，设计环宽 1.8 m。设计采用了通用型管片，管片类型少，不同地质条件下及转弯、纠偏时不需频繁更换管片类型。为节省投资，CCS 输水隧洞 TBM 管片根据地质条件可分为 A、B、C、D 四种类型，分别适用于Ⅱ、Ⅲ、Ⅳ、Ⅴ类围岩，但该分类方案管片种类较多，并不利于 TBM 掘进施工时管片的运输和效率发挥，通过与各参建单位共同研究后决定，将 A、B 型管片合并，即Ⅱ、Ⅲ类围岩均采用B型管片，Ⅳ、Ⅴ类围岩采用

D 型管片,“B、D”两种通用型管片形式大大简化了施工布置,提高了 TBM 掘进速度,其中 TBM2 创造了单月进尺 1 000.8 m,同规模洞径 TBM 掘进速度世界第三的记录。

(3)管片的细部设计:管片的细部设计很重要,CCS 输水隧洞管片强度、配筋、灌浆孔、定位孔、螺栓连接孔、燕尾槽等设置合理,进一步保证了管片制作、脱模、安装时的施工质量。

(4)管片结构设计:CCS 水电站 EPC 合同要求使用美国标准体系进行工程设计,因美国、欧洲、中国规范的理念不完全相同,为保证输水隧洞的工程安全和经济合理,在 TBM 管片衬砌结构设计过程中,分别采用上述三种标准体系进行研究。通过比较分析,中国规范和欧洲规范基本一致,美国规范与欧洲规范、中国规范的荷载组合在形式上是相似的,采用修正的 ACI318 法(Modified ACI318)对水工结构进行设计时则需要引入水力作用系数,而中国规范和欧洲规范是没有的。美国规范采用的水力作用系数 1.3,其实是考虑了水利工程的荷载不确定性而增加的安全系数,对于 CCS 输水隧洞而言,影响隧洞安全的荷载主要为外水压力,设计采取排水措施后有效降低外水压力,保证工程的安全,因此即使不考虑美国规范中的 1.3 水力作用系数,按照欧洲规范、中国规范计算的结果也是安全可靠的,经设计、咨询和业主充分沟通论证后一致认可采用欧洲规范计算的配筋成果。

(5)施工支洞改建检修支洞:利用 2A 施工支洞回填封堵,留设检修通道,改建成检修支洞,避免了增设检修闸门,不仅降低了施工难度和工程投资,经济易行且缩短了工期,而且该检修支洞还可兼作明流输水隧洞的通气洞。检修支洞既可以在运行期挡水,又可以在检修期放空输水隧洞主洞的情况下对输水隧洞主洞进行检修。该方法尤其适用于长距离、大直径、深埋输水隧洞(明流洞)的施工支洞回填改建检修支洞。

编 者

2019 年 9 月

《大断面深埋长隧洞设计》编写人员及编写分工

主　编:邢建营
副主编:陈晓年
统　稿:陈晓年

章　名	编写人员
第1章　工程概况	邢建营　杨维九
第2章　基本资料	陈晓年　邢建营　史海英
第3章　输水隧洞布置方案	肖　豫　杨维九　陈　勤
第4章　输水隧洞水力设计	肖　豫　刘许超　武彩萍
第5章　输水隧洞结构设计	陈晓年　王美斋　肖　豫　邢建营 董甲甲　陈　勤　赵大洲　何　楠 姚帅强
第6章　隧洞灌浆与排水	肖　豫　王美斋　吕静静　史海英
第7章　TBM不良地质问题及处理措施	王美斋　胡能明　崔　莹　吕静静
第8章　设计优化变更及专利成果	陈晓年　肖　豫　何　楠　高　源
第9章　总　结	邢建营　杨维九

目 录

第 1 章

工程概况

1.1　工程简介

CCS水电站位于厄瓜多尔共和国北部Napo省和Sucumbios省的交界处,距首都基多公路里程约130 km。水电站位于Codo Sinclair。工程任务主要是发电,电站总装机容量1 500 MW,安装8台冲击式水轮机组,是世界上规模最大的冲击式机组水电站之一(见图1-1)。电站年发电量88亿kW·h,满足厄瓜多尔全国1/3人口的电力需求,建成后扭转了该国进口电力的历史。CCS水电站工程号称"厄瓜多尔的三峡",为厄瓜多尔国家最大的发电项目,也是中资企业迄今承接的最大国际EPC总承包工程。

CCS水电站主要建筑物包括首部枢纽、输水隧洞、调蓄水库、压力管道和地下厂房等。

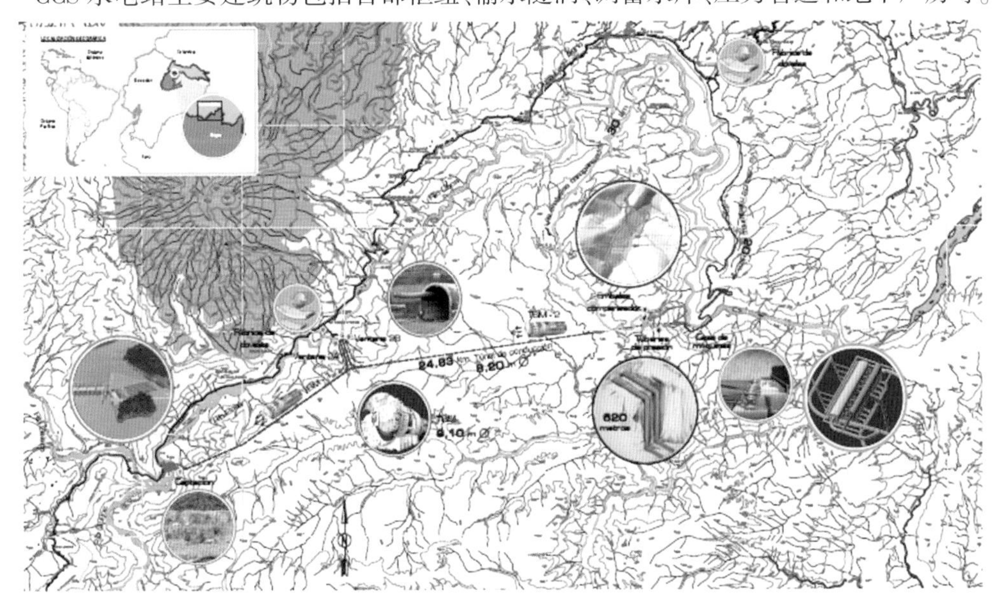

图1-1　工程概况示意图

1.2　输水隧洞简介

输水隧洞连接沉沙池与调蓄水库,总长24 828.98 m,隧洞起点底板高程1 266.90 m,出口底板高程1 224.00 m,纵坡为0.173%,隧洞内径8.20 m/9.26 m(TBM通过洞段),全线采用管片或现浇混凝土衬砌。

输水隧洞平面布置如图1-2所示。输水隧洞位于首部枢纽与调蓄水库之间,包括输水隧洞主洞和1#、2#施工支洞。输水隧洞由隧洞进口段、洞身段和出口闸室及消力池组成;洞身段全长24.8 km,成洞直径8.20 m,设计引水流量222 m^3/s。其中,桩号0+

290.00~9+878.18段由TBM1从2A施工支洞进洞掘进施工；桩号11+028.00~24+800.00段由TBM2从输水隧洞出口进洞掘进施工；桩号0+000.00~0+290.00段从1#施工支洞钻爆施工，桩号9+878.18~13+006.220段从2B施工支洞钻爆施工。TBM掘进段采用预制钢筋混凝土管片衬砌，厚度0.3 m，管片为6+1通用型管片，根据隧洞施工地质条件不同，管片结构形式分为B、D两种形式，当围岩为Ⅰ、Ⅱ、Ⅲ类时，采用B型管片衬砌，当围岩为Ⅳ、Ⅴ类时，采用D型管片衬砌；钻爆段采用全断面钢筋混凝土衬砌，衬砌厚度0.5~1.5 m。

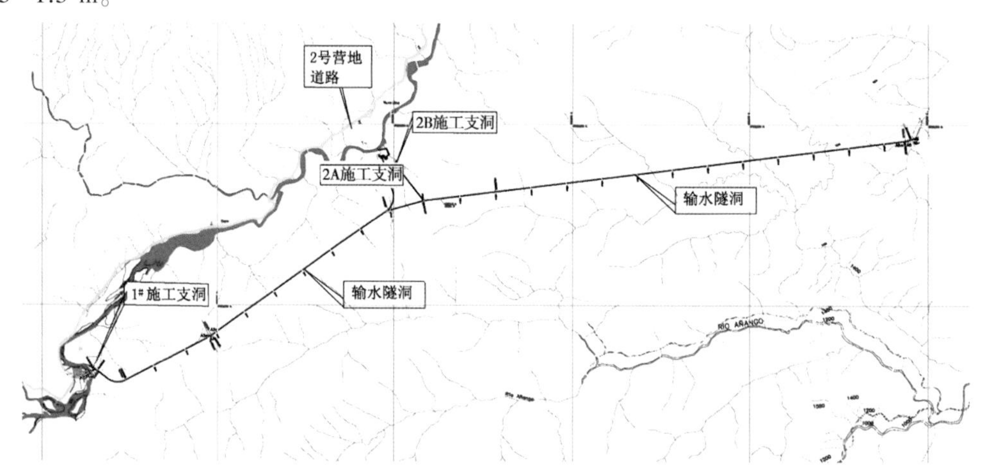

图1-2　输水隧洞平面布置示意图

第 2 章

基本资料

2.1　基本地质条件

CCS 输水隧洞位于 Reventador 火山东南部,沿线地形起伏较大,地势总体呈西高东低,隧洞沿线高程最高 1 998 m,最低 1 256 m。工程区内河流、沟谷发育,沟内多常年流水,植被较发育。大部分洞段埋深 300~600 m,最大埋深 725 m。

输水隧洞位于安第斯山脉和亚马逊平原结合带,在结合带部位形成 Coca 大峡谷,受构造运动影响,地质构造较为复杂。输水隧洞沿线断层多沿沟谷及侵入体界限附近发育,开挖过程中遇到断层 13 条。

输水隧洞穿越的地层主要为花岗闪长岩侵入体(g^d),长度约 780 m;侏罗系—白垩系 Misahualli 地层($J\text{-}K^m$),岩性主要为安山岩、玄武岩、流纹岩、凝灰岩、熔结凝灰岩和角砾岩等,长度约 22 771 m;白垩系下统 Hollin 地层(K^h),岩性主要为页岩、砂岩互层,长度约 2 246 m。

输水隧洞主洞以Ⅱ、Ⅲ类围岩为主,占隧洞总长度的 94.5%,其中Ⅱ类围岩 2 544.25 m,约占 10.26%;Ⅲ类围岩 20 910.91 m,约占 84.29%,采用管片衬砌、豆砾石回填灌浆后,围岩稳定性好;Ⅳ类围岩 1 305.42 m,约占 5.26%;Ⅴ类围岩 46.4 m,约占 0.19%,采用管片衬砌、豆砾石回填灌浆、围岩固结灌浆后,围岩基本稳定(见图 2-1)。

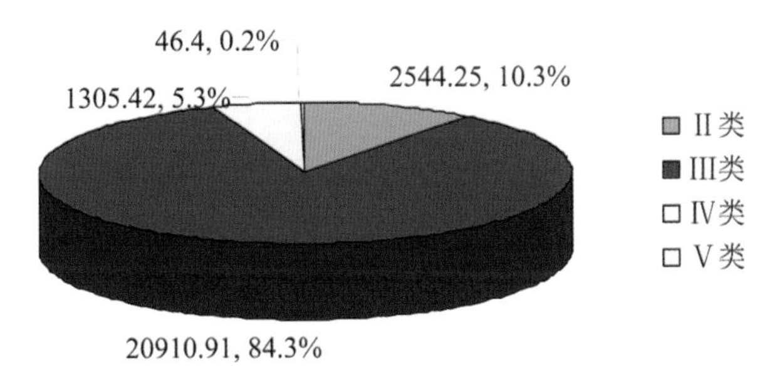

图 2-1　输水隧洞全洞段围岩分类统计

输水隧洞沿线地层中的地下水主要为基岩裂隙水,对隧洞有影响的主要是 Hollin 地层及 Misahualli 地层的含水岩层及构造裂隙水,补给来源主要是大气降水、地表水相邻含水层的越流补给。隧洞沿线地下水位始终高于隧洞,水压力与埋深有关。输水隧洞施工中遇到的工程地质问题主要有断层破碎带塌方、涌水等,共引起 2 次卡机事件、4 次涌水事件,对 TBM 掘进造成了较大的影响,后经开挖旁洞、增加排水泵等措施后,TBM 通过了不良地质段。

CCS 输水隧洞Ⅱ~Ⅴ类围岩均有一定范围的分布,通过论证选用双护盾 TBM,既具有开敞式 TBM 掘进硬岩能力,又具有单护盾 TBM 突破稳定性差围岩的能力,实践表明,CCS 输水隧洞,双护盾 TBM 的选择以及管片衬砌结构的设计是成功的。

2.2 设计运行条件

CCS 输水隧洞连接首部枢纽沉沙池和调蓄水库，隧洞由进口段及洞身段、出口闸室及消力池组成，在整个 CCS 水电站项目中起到承上启下的关键作用，在意大利 ELC 公司的概念设计阶段，输水隧洞存在明满流过渡且流态转换频繁、转换点位置不固定、通气竖井施工难度大、需放空调蓄水库才能对隧洞出口段检修等缺点，在基本设计阶段，通过黄河勘测规划设计研究院有限公司进一步论证比选，提出明流洞方案（具体将在本书第 3 章进行阐述），隧洞最大设计流量 222.00 m^3/s、最小设计流量 72.70 m^3/s，正常运行情况下为明流洞，仅在机组甩负荷、输水隧洞出口闸门关闭时，部分洞段出现压力流状态。

输水隧洞出口共一孔，设置一扇事故闸门，平时常开引水，当机组甩负荷时关闭闸门挡水。当需要关闭出口事故闸门时，应先行将取水口工作门瞬间关闭，输水隧洞出口闸门延时 20 min 后逐渐匀速关闭，关闭时间不小于 20 min。

第 3 章

输水隧洞布置方案

3.1　工程布置及优化

CCS 输水隧洞在整个 CCS 水电站项目中起着承上启下的关键作用，本工程参建各单位共同深入研究，充分发挥施工单位丰富的 TBM 施工经验，结合地下洞室结构特点及工程总体布置、地质条件、施工进度、减少施工干扰等要求对输水隧洞进行总体规划布置，通过对其工程布置、输水方式、施工方法等关键问题的研究和优化，有效地解决了投资、工期、安全、协调等问题，确保了总工期，为复杂地质条件下长隧洞的设计、施工提供了借鉴经验。

3.1.1　概念设计阶段

电站引水经首部枢纽沉沙池后通过旋流竖井消能进入输水隧洞，隧洞起点底板高程 1 250.00 m，出口底板高程 1 204.55 m，隧洞总长度 24 825.43 m，内径 7.8～8.40 m，全部采用混凝土衬砌，衬砌厚度 0.25～0.40 m，出口 2.50 km 洞长范围内采用双衬结构，一次、二次衬砌厚度分别为 0.30 m 和 0.25 m。沿线设置三种纵坡，上游 12 083.34 m 范围内纵坡 0.137%，中部 10 300.00 m 范围内纵坡 0.20%，下游 2 442 m 范围内纵坡 0.35%。

输水隧洞最大设计流量 222.00 m^3/s，最小设计流量 72.70 m^3/s。洞内有两种流态：明流状态、压力流状态，两种流态的转换依据引水流量和调蓄水库水位而定：①输水隧洞设计流量为 222.00 m^3/s，调蓄水库水位为正常蓄水位 1 229.50 m 时，输水隧洞全洞为压力流状态；调蓄水库水位为死水位 1 216.00 m 时，输水隧洞出口 4.8 km 范围内为压力流，其余洞段为明流。②输水隧洞设计流量为 72.70 m^3/s 时，随着引水流量的减小，明流段水深逐步减小，在调蓄水库不同水位条件下，输水隧洞出口 5.2～1.2 km 范围为压力流，其余洞段为明流。

在明流状态下洞内最高水面线以上的空间仅为隧洞断面面积的 7.6%，不满足我国《水工隧洞设计规范》(SL 279—2016)要求的不小于 15%，以及美国垦务局设计标准第 3 卷 *Water Conveyance Facilities*, *Fish Facilities*, *and Roads and Bridges* 中规定的：水深为0.82 倍隧洞内径(净空为隧洞断面面积的 12.24%)。

根据输水隧洞运行要求，约有一半的运行时间引水流量保持在 222.00 m^3/s 的状态，一日之中调蓄水库水位从 1 229.50 m 降为 1 216.00 m 的时间仅需 4 h，即隧洞为全程压力流状态的时间不足总运行时间的 1/12，其余均为明流、压力流交替转换，流态转换相当频繁，且转换点位置随水位、流量变化而变化，隧洞运行存在安全隐患。

隧洞前半部分设置三套通气系统：在隧洞进口旋流竖井下游约 22 m 处，与旋流竖井平行布置一条通气孔，通气孔位于主溢流坝左边墙内，与坝内虹吸管相通，直径 2 m；在 Malva Chico 支沟附近设一通气竖井，直径 2 m、深约 530 m；2# 施工支洞附近设一通气竖井，直径 2 m、深约 560 m。

3.1.2 方案优化设计

原设计方案存在明满流过渡流态、过渡流态复杂、通气竖井施工难度大、隧洞出口段需放空调蓄水库才能检修等缺点,因此结合首部枢纽布置方案优化,提出同时抬高隧洞进、出口底板高程,从而保证隧洞正常运行时为明流的方案。

优化后的输水隧洞由隧洞进口及洞身段、出口闸室及消力池组成。进口位于首部枢纽沉沙池静水池下游侧,无闸门控制,进口底板高程 1 266.90 m。其后接输水隧洞,进口及洞身段总长 24 793.02 m。隧洞出口底板高程 1 224.00 m,纵坡为 0.173%。业主要求机组甩负荷时,洞内水体不能全部进入调蓄水库,以免抬高库内水位,影响库区支沟生态环境,因此在隧洞出口设置事故闸门,出口闸室段长 20.00 m,闸室段后设护坦、跌水及消力池,总长 80.29 m。输水隧洞纵剖面图见图 3-1。

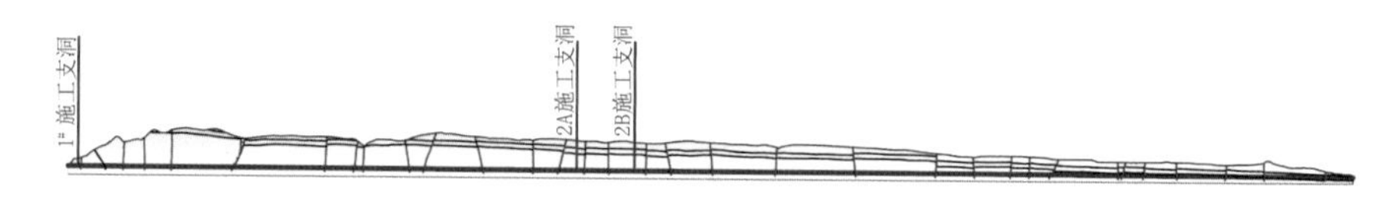

图 3-1 输水隧洞纵剖面图

根据首部枢纽沉沙池模型试验,输水隧洞进口段局部洞顶余幅较小,因此桩号 0+271.40 之前隧洞内径采用 9.2 m,0+291.40 之后内径 8.2 m,全线采用单层管片或现浇混凝土衬砌。

输水隧洞最大设计流量 222.00 m^3/s,正常运行情况下为明流洞,仅在机组甩负荷、输水隧洞出口闸门关闭时,隧洞出口部分洞段由于洞内水流持续向下游自流而逐渐出现压力流状态。当需要关闭出口事故闸门时,应先行将首部枢纽取水口工作门瞬间关闭,输水隧洞出口闸门延时 20 min 后逐渐匀速关闭,关闭时间不小于 20 min。闸门关闭期间应密切监测输水隧洞内水位,若洞内水位超过 30 m,则应开启或局部开启闸门泄水,以保证隧洞及闸室安全。

优化方案取消了水力条件相对复杂的旋流竖井、非常规的坝体内虹吸管、施工极其困难的两个通气竖井及其施工道路,以及出口 2.50 km 范围内的双层衬砌,简化了工程布置及施工,加快了施工进度,节约了工程投资。

3.2 输水隧洞轴线

如图 3-2 所示,输水隧洞在平面布置上以 2A 施工支洞为界,总体上可分为两部分。

隧洞起始段通过两段转弯半径分别为 120 m 和 500 m 的圆弧调整输水线路方向,其后至 2A 施工支洞间输水隧洞线路基本上沿 Coca 河与 Anango 支流的分水岭布置。为缩短 2A 施工支洞长度,该段线路在 Malava 支流附近设转弯半径为 500 m 的圆弧调整线路方向,使得洞线平面走向略偏向 Coca 河侧。

输水隧洞在 2A、2B 施工支洞处折转方向后至调蓄水库间为直线布置，仅在出口段设转弯半径为 500 m 的圆弧段调整隧洞出口方向，输水隧洞在该段连续下穿 Anango 河多个小支流。

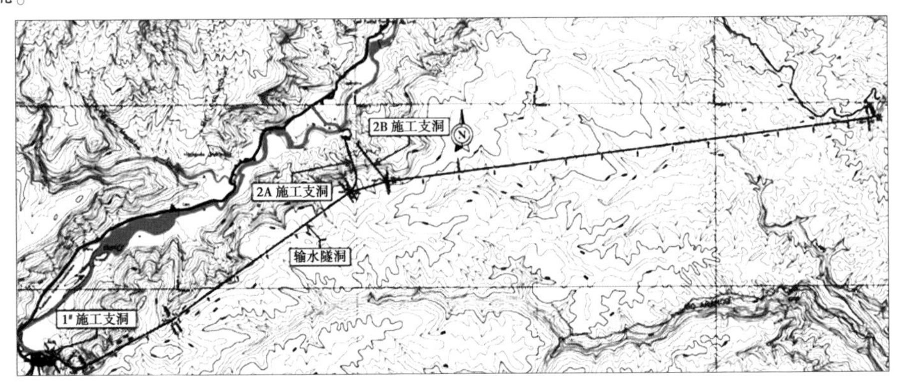

图 3-2　输水隧洞平面布置

3.3　施工方法和衬砌形式

结合本工程地形地质条件、隧洞工程设计和工程控制性工期要求，输水隧洞采用以双护盾 TBM 为主、部分洞段采用钻爆法为辅的联合施工方案。

隧洞长 24.8 km，共布置 2 个掘进机工作面和 4 个钻爆法工作面，施工方案布置示意图见图 3-3。

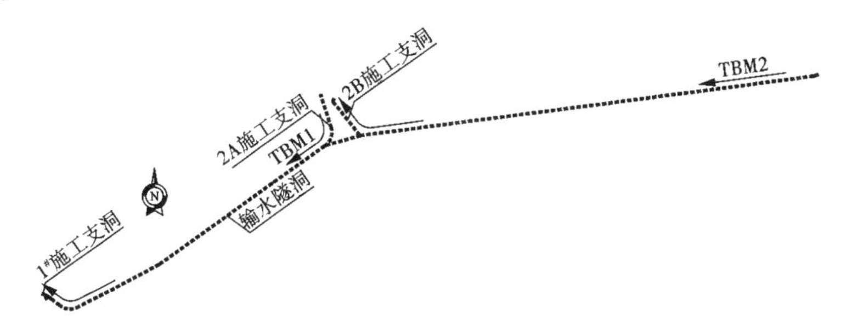

图 3-3　输水隧洞施工方案布置示意图

TBM1 从位于输水隧洞中部的 2A 施工支洞滑行进入工作面后向上游掘进，完成输水隧洞掘进后由 1#施工支洞滑行出洞；TBM2 从输水隧洞出口进洞向上游掘进施工，掘进至 2B 施工支洞拆机室拆卸后运出洞外；输水隧洞起始段从 1#施工支洞向上游钻爆施工，2A、2B 施工支洞之间的输水隧洞从 2B 施工支洞向上游钻爆施工。

结合施工方法，选择不同的隧洞衬砌形式。TBM 掘进段采用预制钢筋混凝土管片衬砌，厚度 0.3 m，管片为 6+1 通用型管片，根据隧洞施工地质条件不同，管片结构形式分为 B、D 两种，当围岩为Ⅰ、Ⅱ、Ⅲ类时，采用 B 型管片衬砌，当围岩为Ⅳ、Ⅴ类时，采用 D 型管片衬砌；钻爆段采用全断面钢筋混凝土衬砌，衬砌厚度 0.5～1.5 m。

3.4 进、出口建筑物布置

3.4.1 进口建筑物布置

输水隧洞进口布置在静水池之后,后接输水隧洞,主要是为了将静水池的水流平顺地引入输水隧洞,采用无闸门控制方式。输水隧洞进口位置示意图见图 3-4。

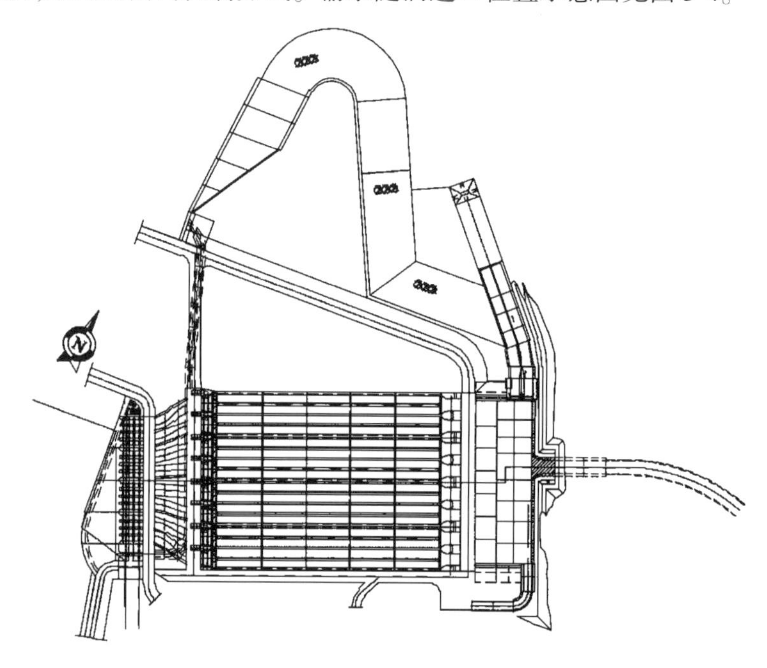

图 3-4 输水隧洞进口位置示意图

进口底板高程为 1 266.90 m,顶高程为 1 277.00 m,正常蓄水位为 1 271.73 m。进口底板厚 2.0 m,与静水池底板连接,分缝处采用铜止水。进口边墙厚 1.5 m,采用椭圆线与静水池边墙连接,分缝处采用铜止水和 PVC 止水两道。进口与输水隧洞采用 9.2 m×9.2 m 方形断面连接,分缝处采用 PVC 止水。进口顶部布置宽 3.5 m、厚 0.9 m 的交通桥连接左右两侧的交通。

为保证进口上部高边坡的稳定性,防止边坡掉块、落石等进入输水隧洞,对进口范围内的边坡设计了贴坡钢筋混凝土,外侧混凝土边坡为 1:0.2,底部最小厚度 1.0 m。

输水隧洞进口平面布置图及进口纵剖面图分别见图 3-5、图 3-6。

3.4.2 出口建筑物布置

输水隧洞出口布置出口闸,后接护坦及消力池与调蓄水库连接。

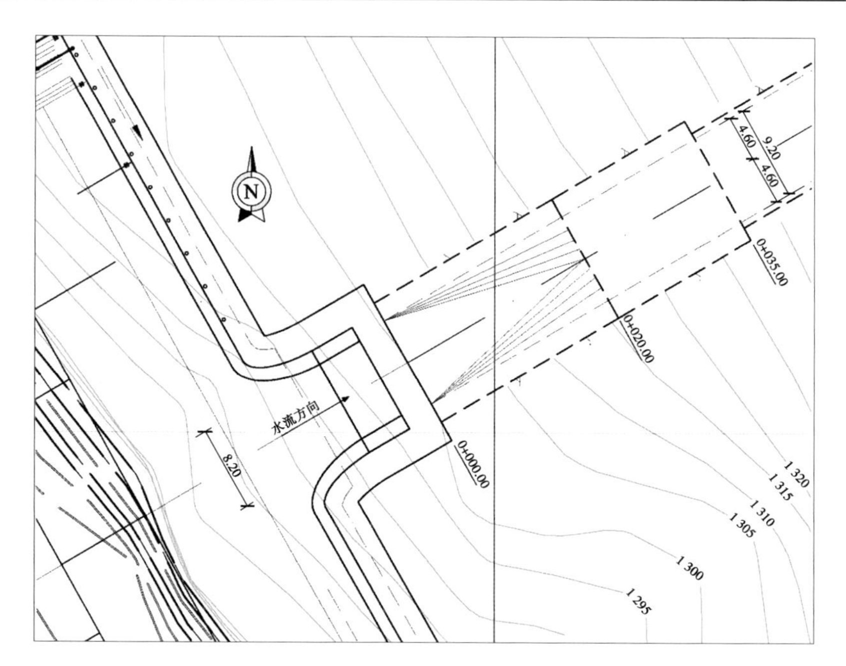

图3-5　输水隧洞进口平面布置图　（单位：m）

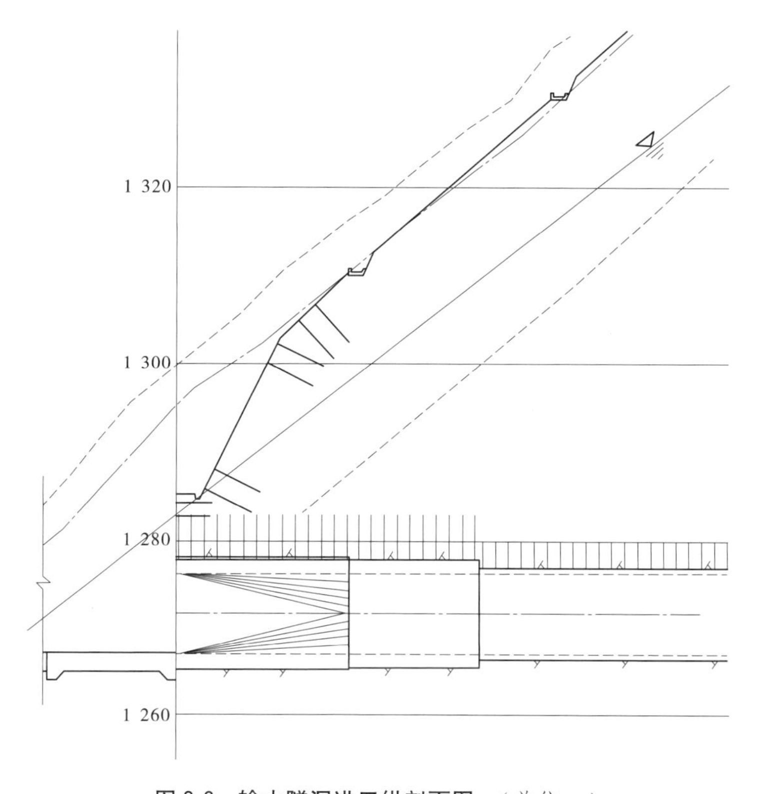

图3-6　输水隧洞进口纵剖面图　（单位：m）

3.4.2.1　出口闸室布置

出口闸由底板、边墙、胸墙、工作桥、回填混凝土等构成，上游与输水隧洞出口渐变段连接，下游与消力池连接。底板高程为 1 224.00 m，闸室顶高程为 1 237.50 m，排架顶高程为 1 243.50 m，排架顶布置钢结构启闭机房。最大运行水位为 1 229.50 m，设计洪水位为 1 231.85 m。出口闸布置有 8.2 m×8.2 m 的检修平板闸门。出口闸总长 20.0 m，前 10.0 m 过流断面宽 8.2 m，10.0 m 后以 10°的扩散角与消力池连接。闸墩总厚 2.0 m、高 13.5 m，在上游胸墙 1 234.20 m 高程布置宽 2.5 m 的检修平台，在下游胸墙 1 233.50 m 高程布置宽 2.0 m 的检修平台，工作桥宽 1.4 m。

出口闸为输水隧洞 TBM2 的进口，因此底板设计考虑与 TBM 轨道滑行相结合，采用一、二期混凝土的方式。底板宽 20 m、长 20 m，闸墩外侧与开挖边坡之间回填素混凝土。底板总厚 2 m，TBM 轨道厚 0.46 m，原设计为 TBM 轨道拆除后回填高强度无收缩混凝土，后由于施工单位要求采用常规混凝土施工而变更了二期混凝土的尺寸及增加钢筋网来满足温控和结构要求。底板布置长 9 m、间排距 2.0 m×2.0 m 的固结灌浆孔。

出口闸顶部布置有排架，排架顶高程为 1 243.50 m，高为 6 m。排架顶部布置钢结构的启闭机房。由于排架的高度低于检修闸门的高度，因此正常情况下无法将闸门从排架吊出。若闸门需吊出进行检修，需拆卸启闭机房及其混凝土板后，方可运用吊车吊出，因此启闭机房及混凝土板等的设计均考虑了后期出口闸的运用条件，满足拆卸的要求。

3.4.2.2 护坦及消力池布置

闸室出口接护坦，护坦底板高程 1 224.00 m，中心线长度 12 m。护坦两侧边墙与闸室边墙相连，仍以 10°的扩散角向下游扩散，后接 1∶0.5 的陡坡，降至 1 203.00 m 高程，进入消力池。消力池中心线长度为 57.79 m，底板高程 1 203.00 m，见图 3-7。

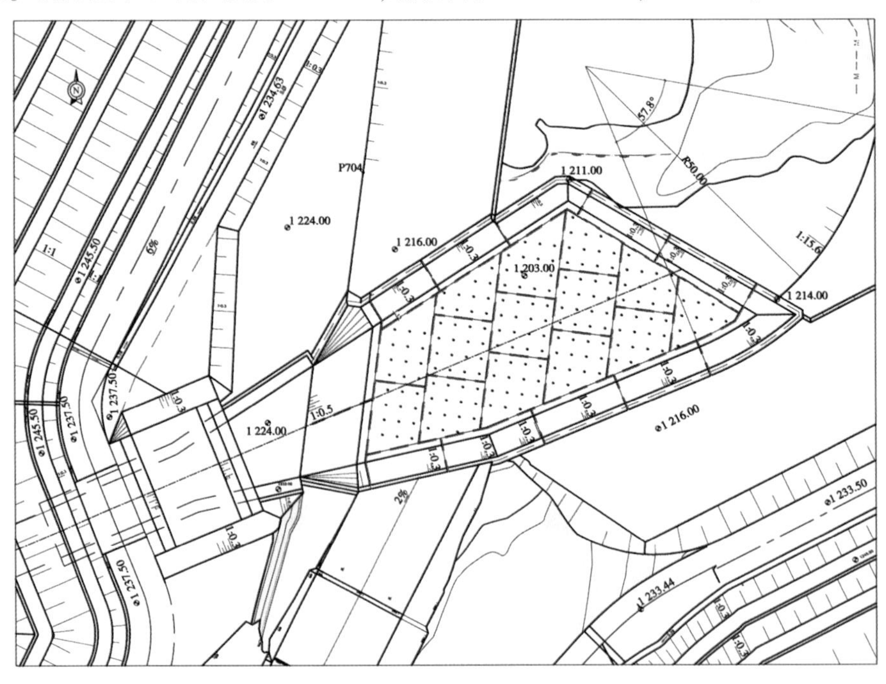

图 3-7　输水隧洞出口护坦及消力池布置　（单位：m）

护坦、跌水、消力池的布置因地制宜，结合地形条件布置，并根据水工模型试验成果进行了修正。

第4章

输水隧洞水力设计

CCS 输水隧洞连接首部枢纽沉沙池和调蓄水库，隧洞由进口段、洞身段、出口闸室及消力池组成。进口位于首部枢纽沉沙池静水池下游侧，采用无闸门控制方式，进口底板高程 1 266.90 m。其后接输水隧洞，进口段及洞身段总长 24 793.02 m。隧洞出口底板高程 1 224.00 m，纵坡为 0.173%。出口事故闸门闸室段长 20.00 m，闸室段后设护坦、跌水及消力池，总长 80.29 m。

大流量、水流条件复杂的水工隧洞设计条件和运行条件都很复杂，很难用工程类比和计算分析确定设计参数和工程措施，一旦失事或设计失误将造成较大甚至不易弥补的损失，因此应通过局部或整体水工模型试验验证设计的合理性。CCS 输水隧洞不同运行工况下水力差异显著，通过研究论证，将隧洞的不利水力条件控制在较小的运行范围内，再结合闸门的适时调度，有效解决隧洞运行阶段各水力学问题，CCS 水电站自 2016 年竣工运行以来，输水隧洞运行良好。

4.1　水力要求

首部枢纽逐日流量与保证率的关系见表 4-1。

表 4-1　首部枢纽逐日流量与保证率的关系

流量(m^3/s)	来水日保证率(%)
83.00	95
105.00	90
135.00	80
164.00	70
190.00	60
215.00	50
222.00	48

注：表中“流量”已扣除生态基流和基多引水共 23 m^3/s 的流量。

由表 4-1 可知，输水隧洞设计流量 222.00 m^3/s 对应的来水日保证率可达 48%；相应于来水日保证率达到 95%的设计流量为 83.00 m^3/s。

因此，输水隧洞最大设计流量与最小设计流量沿用上阶段设计成果，分别为 222.00 m^3/s 和 72.70 m^3/s。正常运行情况下输水隧洞为明流洞，仅在机组甩负荷、输水隧洞出口闸门关闭时，部分洞段出现压力流状态。

在隧洞的各运行阶段，其下游的消能设施应能满足工程安全运行的要求。

4.2 输水隧洞水力学计算

4.2.1 平面布置

输水隧洞连接沉沙池和调蓄水库。隧洞布置采用概念设计阶段的路线,输水隧洞总长24 828.98 m,隧洞纵坡为0.173%,隧洞内径为8.20 m。隧洞起始点底部高程为1 266.90 m,出口底部高程为1 224.00 m。

基于首部枢纽沉沙池的水力模型试验结果,输水隧洞入口处顶板高提高1~9.2 m,入口渐变段长度由15 m提高至20 m,以避免脉动流冲击顶板,使水流流态更顺畅。

事故检修闸门设置在隧洞出口,根据输水隧洞出口水力学模型试验,闸室后采用跌水及消力池消能。消力池沿中心线长32 m,消力池底高程1 208.00 m。为阻止水流冲刷调蓄水库右岸,右岸消力池边墙顶部至少要有1 m超高。

正常运行状况,输水隧洞设计流量222.00 m^3/s时,隧洞为明流状态,最小净空率为全断面面积的20%。当出口闸门由于突发事件或紧急状况关闭时,隧洞流态可能由明流转变为有压流。

4.2.2 水力设计

4.2.2.1 糙率选择

对于长距离输水工程,工程设计中水力糙率 n 的取值对输水建筑物断面确定起着至关重要的作用,直接影响输水断面大小和工程建设投资。CCS工程24.8 km长的输水隧洞中约有1.5 km采用现浇混凝土衬砌,其他23.3 km采用预制管片衬砌。设计时糙率通过工程类比选用,部分国内外输水隧洞资料如下所述:

(1)万家寨引水工程的6号、7号和8号隧洞。

6号、7号和8号隧洞的长度分别为6.53 km、2.69 km和12.18 km。这些隧洞均为无压流隧洞,设计流量为48 m^3/s,圆形断面,内径为5.46 m,纵坡为1/1 500。隧洞水面线以上净空占隧洞断面的20%。这三条隧洞均由CMC-SECI Group Italy所建,用双护盾TBM施工,预制混凝土管片衬砌。衬砌厚0.25 m,由4块六边形管片组成,每块宽1.6 m。管片混凝土强度C30,管片衬砌的糙率为0.014。

(2)引大入秦工程总干渠30A隧洞和盘道岭隧洞。

通过对引大入秦工程总干渠30A隧洞(内径4.8 m,管片厚度30 cm,宽度1.6 m)和盘道岭隧洞糙率的原型观测得知,30A隧洞预制钢筋混凝土管片衬砌圆形断面实测平均糙率0.012 627,盘道岭隧洞三心圆拱直墙平底板矩形断面实测平均糙率0.011 55,圆拱直墙反底拱断面实测平均糙率0.011 521。

(3)引滦入津输水隧洞。

引滦入津输水隧洞全长12.4 km,断面为半圆拱直墙型和矩形,宽5.7 m、高6.25 m。设计流量 60 m^3/s，校核流量 75 m^3/s；设计水深 3.92 m，校核水深 4.68 m。洞底纵坡 1/1 200，为标准的无压明流输水隧洞。隧洞在施工时进行喷锚支护的总长度约为 8 km（挖隧洞总长度 9.7 km），为了降低糙率，边墙统一采用 1 m×0.45 m（宽×高）的钢模板浇筑混凝土内衬。隧洞底板为分离式浇筑，分段（长度 6 ~ 8 m）人工抹平。1985 年 5 月昆明水电设计研究院科研所与引滦入津隧洞管理处合作，对引滦入津输水隧洞的水力糙率进行第一次原型观测。观测结果表明，该隧洞的平均综合糙率为 0.012 0~0.012 3。2000 年 3 月进行了第二次糙率原型观测。观测结果表明，由于 15 年来管理者对隧洞底板进行了多次全面的维修，使底板部分的糙率有所减小；边墙因受进口明渠侧门洞口和隧洞内维修裂缝时在边墙表面遗留了若干"补疤"造成局部阻水的影响，糙率略有增大，但全洞的平均糙率仍然保持在 0.012 5 水平。由此证实，对于现代的混凝土衬砌输水隧洞或明渠，设计采用糙率为 0.013 0 是完全可行的。

（4）南水北调中线穿黄工程。

中线穿黄工程的盾构法隧洞，内径为 7.0 m，采用双衬砌，外层衬砌厚度为 40 cm，内层衬砌厚度为 45 cm。该隧洞糙率采用 0.013 5。

（5）莱索托输水隧洞（非洲南部）。

输水隧洞总长 37 km，由南、北两段隧洞组成。北段采用双护盾 TBM 施工，管片衬砌，衬砌后内径为 4.6 m。南段采用开敞式 TBM 施工，不衬砌砂岩段长约 9 km，内径为 5. 16 m；现浇混凝土衬砌段长约 6 km，衬砌后内径为 4.5 m。竣工后的水力学测试显示，未衬砌段糙率、管片衬砌段糙率及现浇混凝土衬砌段糙率分别为 0.012、0.012 和0.010 7，而相应的糙率设计值分别为 0.015、0.014 和 0.011。未衬砌段和管片衬砌段的实际糙率值和设计糙率值差异较大。据分析，当隧洞直径足够大时，边界层流的厚度掩盖了边界的真实糙率。CCS 输水隧洞的直径比莱索托输水隧洞的直径大，因此对大内径、管片衬砌的输水隧洞来说，更应存在这种潜力。

（6）由水利部水利水电规划设计总院编纂的调查研究报告"奥地利隧洞设计、施工技术和经验"指出，奥地利管片衬砌隧洞的糙率，不勾缝时采用 0.014 3~0.016 7，勾缝抹平时为 0.012 4~0.014 3。

CCS 输水隧洞大部分采用了管片衬砌，管片的平均宽度为 1.8 m，分缝较少。所有管片均由高精度钢模制作。根据以上数据分析，并考虑到工程设计保留一定的允许误差，本阶段取糙率 $n=0.014\ 5$。在一维水力模型计算中，隧洞初期运行阶段由于洞内边墙较光滑，糙率值取 0.013 33，而隧洞后期运行阶段糙率值取 0.014 5。

4.2.2.2　水力计算

根据曼宁公式：

$$v = C\sqrt{Ri}$$

式中：C 为谢才系数，$C=\dfrac{1}{n}R^{1/6}$，n 为曼宁糙率；R 为水力半径；i 为明渠底坡。

得

$$v=\frac{1}{n}R^{2/3}i^{1/2} \quad \text{或} \quad Q=\frac{1}{n}AR^{2/3}i^{1/2}$$

考虑到曼宁糙率为 0.014 5，相应的均匀流正常水深在流量 222.00 m^3/s 时为 6.12 m，在流量 72.70 m^3/s 时为 3.06 m。详细的水力学计算结果如表 4-2 所示。

表 4-2 输水隧洞水力学计算结果

项目	隧洞直径(m)			
	8.20		9.20	
流量(m^3/s)	222.00	72.70	222.00	72.70
均匀流水深(m)	6.12	3.06	5.50	2.92
流速(m/s)	5.25	4.04	5.36	4.01
净空比(%)	20	66	38	73

4.2.2.3 弯道水流

弯道水流产生的离心力引起了弯道外侧水流水面的抬升及内侧水流水面的下降。

$$\Delta y = C\frac{v^2 W}{gr}$$

式中:Δy 为弯道外侧水面与中心线理论水面的最大高差;C 为超高系数;v 为明渠平均流速;W 为弯道中心线水面高程处的弯道宽度;g 为重力加速度;r 为弯道中心线曲率半径。

输水隧洞弯道段水力计算结果如表 4-3 所示。

表 4-3 输水隧洞弯道段水力计算结果

流量(m^3/s)	水力半径(m)	流速(m/s)	超高系数 C	弯道宽度 W(m)	曲率半径 r(m)	Δy(m)
222.00	2.47	5.25	1.0	7.13	500	0.040
					120	0.167
72.70	1.67	4.04	0.5	7.93	500	0.013
					120	0.055

4.3 一维恒定流和非恒定流数值模拟

采用一维非恒定流数学模型作为研究手段。首先构建输水隧洞一维非恒定流模型并进行验证,然后根据拟定的计算工况进行计算,结合模拟结果分析不同计算条件下隧洞的水流特性。

数值模拟中考虑了以下工况:

工况 1:引水流量 222.00 m^3/s,出口处水位 1 229.50 m;

工况 2:引水流量 222.00 m^3/s,出口处水位 1 216.00 m;

工况 3:引水流量 72.70 m^3/s,出口处水位 1 229.50 m;

工况 4:引水流量 72.70 m^3/s,出口处水位 1 216.00 m;

工况 5:引水流量 222.00 m^3/s、出口处水位 1 229.50 m 时,沉沙池闸门先行瞬间关闭,出口闸门延时 20 min 逐渐关闭,稳定后再重新开启;

工况 6:引水流量 222.00 m^3/s 时,沉沙池闸门先行瞬间关闭,出口闸门控泄(控泄流量 50 m^3/s),然后重新开启。

利用一维非恒定流数学模型研究了输水隧洞内在不同运行条件下的水力特性,主要结论如下:

(1)基于 Priessman 提出的“窄缝法”对一维明渠非恒定流模型进行改进,建立了有压流动和无压流动的通用模型,并以此为基础研究输水隧洞内水流特性,在技术上是可行的。模型验证成果表明,该模型能够较为准确地模拟不同条件下的恒定及非恒定流动,计算结果与实测成果吻合较好。

(2)隧洞运行初期的恒定流(工况 1 至工况 4)计算结果表明,隧洞流量 222.00 m^3/s,洞内正常水深为 6.12 m,平均流速为 5.24 m/s,隧洞流量 72.70 m^3/s,洞内正常水深为 3.06 m,平均流速为 4.04 m/s,由于隧洞内为急流,隧洞出口水位条件对洞内水流特性影响不大。

(3)隧洞运行初期的非恒定流(工况 5)计算结果表明,由于闸门调节,隧洞出口段出现明满流交替流动,在水力过渡过程中隧洞出口断面顶部的最大水击压强达 30.84 m 水头。

(4)隧洞运行初期的非恒定流(工况 6)计算结果表明,由于闸门调节,隧洞出口段出现明满流交替流动,在水力过渡过程中隧洞出口断面顶部的最大水击压强达 21.58 m 水头。

(5)隧洞运行初期的非恒定流(工况 5)计算结果表明,由于闸门调节,隧洞出口段出现明满流交替流动,在水力过渡过程中隧洞出口断面顶部的最大水击压强达 29.21 m 水头。

(6)隧洞运行初期的非恒定流(工况 6)计算结果表明,由于闸门调节,隧洞出口段出现明满流交替流动,在水力过渡过程中隧洞出口断面顶部的最大水击压强达 20.16 m 水头。

4.4　消力池冲刷计算

为确定消力池底板高程,采用 Veronese、Yildiz & Uzucek、Damle、Chian Min Wu、Martins、Mason & Arumugam 等公式进行消力池冲刷计算,计算结果见表 4-4。

表 4-4　消力池冲刷计算结果

公式	冲刷深度 (m)	冲刷底高程 (m)
Veronese	14.18	1 201.82
Yildiz & Uzucek	9.49	1 206.51
Damle	7.10	1 208.90
Chian Min Wu	8.31	1 207.69
Martins	9.80	1 206.20
Mason & Arumugam	8.96	1 207.04

通过理论计算,并经水工模型试验验证,消力池底板高程采用 1 203.00 m。

4.5 出口闸门关闭工况水力计算

2B 施工支洞洞口底板高程为 1 261.50 m,当输水隧洞出口闸门关闭时,隧洞内剩余水量以及不断补给的渗漏水量,隧洞内水可能会从 2B 施工支洞洞口溢出。

根据输水隧洞渗漏实测资料,渗漏量为 145~742 L/s。

假定闸门匀速关闭,出口闸泄水量持续减少,计算在不同的关闭闸门时间下,渗漏量分别为 145 L/s 和 742 L/s 时,保证洞内水流不会从 2B 施工支洞洞口溢出的时间,见表 4-5。

表 4-5 出口闸不同关闭时间与闸门关闭后洞内水流不从 2B 施工支洞洞口溢出时间关系

出口闸门关闭时间(min)	20	25	30	35	40	50
出口闸门关闭后洞内剩余水量(m^3)	915 116	881 816	848 516	815 216	781 916	715 316
1 261.50 m 高程以下输水隧洞水体体积(m^3)	1 017 941	1 017 941	1 017 941	1 017 941	1 017 941	1 017 941
2B 施工支洞 1 261.50 m 高程以下水体体积(m^3)	36 868	36 868	36 868	36 868	36 868	36 868
1 261.50 m 高程以下输水隧洞+2B 施工支洞水体体积(m^3)	1 054 809	1 054 809	1 054 809	1 054 809	1 054 809	1 054 809
1 261.50 m 水位至闸门关闭时水面的水体体积差(m^3)	139 693	172 993	206 293	239 593	272 893	339 493
145 L/s 渗漏量时水流不从 2B 施工支洞洞口溢出时间(d)	11.2	13.8	16.5	19.1	21.8	27.1
742 L/s 渗漏量时水流不从 2B 施工支洞洞口溢出时间(d)	2.2	2.7	3.2	3.7	4.3	5.3

表 4-5 给出了闸门不同关闭时间与闸门关闭后洞内水流不从 2B 施工支洞洞口溢出时间的关系,运行时可以根据实际需要,选择出口闸门关闭时间。

需要注意的是,输水隧洞出口闸门设置有水位计,在闸门关闭时应密切关注水位变化,防止涌浪等带来的不利影响;同时应视洞内水位上升情况,及时开启输水隧洞出口闸门,以避免水流从 2B 施工支洞洞口溢出。

4.6 水工模型试验

4.6.1 首部枢纽沉沙池模型试验

4.6.1.1 试验目的

首部枢纽沉沙池模型包括12孔取水口、6条沉沙池、输水隧洞进口前静水池和长300 m的一段输水隧洞,模型几何比尺取1:20。

模型试验的目的是研究沉沙池沉沙和排沙效果、沉沙池出口水流与输水隧洞进口水面的衔接等。

4.6.1.2 试验内容

对于输水隧洞进口,具体试验内容如下:

(1)研究沉沙池出口水流与输水隧洞进口水面的衔接;

(2)观测沉沙池不同组合运用情况下对输水隧洞进流的影响;

(3)观测输水隧洞进口静水池流态;

(4)量测不同设计流量下隧洞进口段及洞身段水面线;

(5)对输水隧洞进口体形进行优化试验。

4.6.1.3 结论及建议

本工程曾进行了多次水工模型试验,试验结果总结如下:

(1)原设计方案输水隧洞进口体形为矩形,当引水流量为222.00 m^3/s时,静水池内流态基本平顺。水流自静水池进入输水隧洞后,在进口段产生明显的水面跌落,隧洞内水面波动较大。

(2)进口体形修改为进口两侧边墙曲线为半径4 m半圆弧方案和1/4椭圆曲线方案时,洞内进口段水面跌落减小,洞内流态也得到改善。但引水流量为222.00 m^3/s时,洞内水流波动仍较大,且进口段局部最小洞顶余幅较小,不满足规范要求,建议将洞进口段及渐变段洞顶抬高1 m,渐变段加长,以满足洞顶余幅的要求。

4.6.1.4 设计修正

根据水工模型试验成果,对输水隧洞进口段结构修正如下:

(1)进口采用1/4椭圆曲线方案。

(2)为满足洞顶余幅的要求,桩号0+000~0+270段隧洞内径加大为9.20 m;桩号0+270~0+290段为渐变段,隧洞内径由9.20 m渐变为8.20 m,桩号0+290以后隧洞内径为8.20 m。

4.6.2 调蓄水库水工模型试验

4.6.2.1 试验目的

调蓄水库水工模型试验模拟范围包括整个调蓄水库。建筑物模拟输水隧洞出口段,模拟长度 400 m；两条压力洞进口段，模拟长度 300 m；以及放空洞进口段。模型几何比尺取 1:40。

通过模型试验，研究输水隧洞正常运用和闸门启闭时的出口消能效果，观测调蓄水库流态和流速分布、压力管道进口流态及压力分布、输水隧洞出流对压力管道进流流态的影响、库区淤积对电站引水的影响。

4.6.2.2 试验内容

对于输水隧洞出口，具体试验内容如下：

（1）进行输水隧洞出口消能形式试验研究；

（2）验证正常运行工况最大设计流量 222.00 m^3/s 和最小设计流量 72.70 m^3/s 时，分别对应调蓄水库正常蓄水位和死水位情况输水隧洞的出口消能效果；

（3）观测非常运行工况，输水隧洞出口闸门启闭时，相应于调蓄水库死水位时输水隧洞出口流态。

4.6.2.3 结论及建议

通过多次水工模型试验，试验结果总结如下：

（1）建议将输水隧洞出口闸室段由两孔改为一孔，修改后，闸室流态平顺。

（2）建议将消力池加深加长，修改后，隧洞来不同流量时，消力池消能充分，水流均匀平顺地进入下游河道，水库内各断面流速分布均匀，电站进水口流态平顺，没有出现串通性漏斗漩涡。

（3）引水流量为 72.70 m^3/s、水库水位为 1 216.00 m 时，洞出口为自由跌水，出口段水面线为降水曲线。水库水位为 1 229.50 m 时，受洞出口淹没影响，洞出口段水深较自由出流时明显增大。

（4）引水流量为 222.00 m^3/s、水库水位为 1 216.00 m 时，洞出口为自由跌水，出口段水面线为降水曲线。水库水位为 1 229.50 m 时，洞出口为淹没出流，闸室段水深增大，但洞内水深与自由出流时变化不大。

（5）将输水隧洞出口护坦段右侧边墙扩散角减小为零，水流出洞后主流摆向水库中部，水库流态得到改善，建议设计采用。

（6）试验还观测到，当引水流量为 222.00 m^3/s，水库水位高于正常蓄水位 1 229.50 m 时，隧洞出口段将会产生壅水，洞内水深大于设计正常水深，不满足洞内余幅设计要求。因此，输水隧洞出口底板最低高程不能低于 1 224.00 m。

（7）试验量测消力池底板上压力随着调蓄水库水位的升高而增大，底板压力接近水深。

（8）按照设计提供输水隧洞出口闸门关闭的水流条件，输水隧洞出口闸门接触到水面后洞内产生水击波，闸门关闭约 1.6 min（原型时间）水击波传播至距洞出口 300 m 处。闸门在关闭过程中隧洞中存在明满流不稳定过渡流态，设计调度运用时应注意这种不利流态。

（9）按照设计提供输水隧洞出口闸门开启时的水流条件，闸门开启过程中，水舌挑距相对较远，水库水面有较大波动。当沉沙池正常运行（闸前水头 42.9 m），输水隧洞出口闸门开启时，水库水面波动现象较设计提供水流条件将会更为剧烈，希望设计时加以注意。

(10)建议局部修改消力池体形,修改后,虽然在高水位时流态变化不大,但水库水位在死水位附近时,水流流态得到改善,建议设计采用。

4.6.2.4　设计修正

根据水工模型试验成果,对输水隧洞出口段结构修正如下:

(1)出口闸室由两孔改为一孔;

(2)消力池底板高程加深至 1 203.00 m 高程,消力池长度加长,中心线长度57.79 m;

(3)根据试验结果局部修改消力池尾部体形,改善水流流态。

第 5 章

输水隧洞结构设计

CCS水电站工程区地震、火山活动多发，地质构造运动相对频发，地质条件比较复杂，输水隧洞沿程断层多达25条，TBM段隧洞围岩以Ⅱ类和Ⅲ类为主。根据施工方案比选、工期要求等综合比选，输水隧洞采用2台双护盾TBM同时掘进，并辅以钻爆法施工，由于国外工程的特殊性及隧洞沿线地质条件的复杂性，为确保输水隧洞质量可靠、技术合理、工期合规和降低投资，我们利用国内外不同的规范、标准（中标、美标、欧标）和工程经验，通过对TBM管片衬砌结构研究分析，探讨出一套适合长距离大埋深TBM输水隧洞管片结构设计技术方法。

（1）根据不同的规范和标准（中标、美标、欧标），我们对TBM管片进行了结构计算分析，通过计算结果可以得出，中国规范和欧洲规范较相近，荷载、荷载系数、工况组合等较一致，但美国规范与二者相比相差较大，主要是"*Strength Design for Reinforced-Concrete Hydraulic Structure* EM1110-2-2104"中规定的水利系数1.3，中国规范和欧洲规范是没有的，因此美国规范计算的配筋相对较大。

（2）管片结构设计：采用了合理的结构设计方法及先进有限元计算手段，运用排水、灌浆成功地解决了深埋隧洞高水压力的处理问题，管片厚度薄，配筋合理。在施工图阶段，为节省投资，输水隧洞TBM管片根据地质条件分为A、B、C、D四种类型，分别适用于Ⅱ、Ⅲ、Ⅳ、Ⅴ类围岩。在实际施工过程中，为施工方便，设计管片的类型不宜太多，因此将A、B型管片合并，即Ⅱ、Ⅲ类围岩均采用B型管片。因B型管片用量最大，约占全部管片的76%，施工图阶段前期B型管片结构设计是基于EPC合同规定的美国规范，含钢量为115.78 kg/m^3。后来根据欧洲规范进行了优化设计，优化后的含钢量为91.16 kg/m^3，共节省了2 276.71 t钢筋，约合445.2万美元。

（3）管片构造：衬砌管片厚0.3 m，环宽1.8 m。设计采用了通用管片，管片类型少，不同地质条件下及转弯、纠偏时不需频繁更换管片类型，简化了施工，提高了TBM掘进速度，其中TBM2创造了单月进尺1 000.8 m，同规模洞径TBM掘进速度世界第三的纪录。管片强度、配筋、灌浆孔、定位孔、螺栓连接孔、燕尾槽等设置合理，便于保证管片制作、脱模、安装时的施工质量。

（4）施工支洞改建检修支洞：利用2A施工支洞回填封堵，留设检修通道，改建成检修支洞，避免了增设检修闸门，不仅降低了施工难度和工程投资，经济易行且缩短了工期，而且该检修支洞还可兼作明流输水隧洞的通气洞。检修支洞既可以在运行期挡水，又可以在检修期放空输水隧洞主洞的情况下对输水隧洞主洞进行检修。该方法尤其适用于长距离、大直径、深埋输水隧洞（明流洞）的施工支洞回填改建检修支洞。

5.1　TBM选型

TBM隧洞施工具有掘进速度高、成洞质量好、对围岩扰动小、人员和设备安全性高及环境保护好的技术特点，在国内外的水利水电隧洞、铁路隧道、公路隧道、城市地铁隧道等领域得到了广泛的应用，其平均施工速度为钻爆法的3~8倍。

TBM选型受工期、隧洞设计及工程地质条件等因素的影响，TBM选型也直接影响着

隧洞的机构设计,CCS 输水隧洞 TBM1 于 2013 年 1 月开始进洞试掘进,2015 年 3 月掘进完成,TBM2 于 2012 年 9 月开始试掘进,2015 年 1 月掘进完成。在掘进过程中,TBM1 和 TBM2 分别于 2013 年 11 月和 2013 年 4 月创造了 1 025.9 m 和 1 000.4 m 的最高月进尺纪录,这在国内外类似洞径的 TBM 施工速度中名列前茅,下面针对 TBM 选型进行详细介绍,相关研究方法可为类似工程的 TBM 选型及施工对策提供参考。

5.1.1 TBM 类型及优缺点

TBM 是一种集掘进、出渣、导向、支护等多功能于一体的大型高效隧道施工机械,可分为敞开式、护盾式(见图 5-1~图 5-3)、悬壁式等多种类型。掘进机依靠机械强大的推力,使刀盘上的滚刀沿轴承中心轴做公转运动及绕刀具轴做自转运动,将岩石破碎。采用掘进机进行隧道施工的方法称为掘进机法或 TBM 工法,是修建隧道的一种先进方法,为隧道施工走向机械化、标准化创造了条件,使施工程序大大简化,基本实现了流水化作业,独头掘进长度可达 15~25 km。

图 5-1 敞开式 TBM

图 5-2 双护盾 TBM

图 5-3　单护盾 TBM

TBM 施工作为一种长隧道快速施工的先进设备,其主要优点为:

(1)掘进效率高。掘进机开挖时,可以实现连续作业,将破岩、出渣和支护(或衬砌)一条龙完成,克服了钻爆法施工中钻眼、放炮、通风、出渣、支护等作业的间断性。在中硬岩条件下,掘进速度一般可以达到 400~500 m/月,是钻爆法的 3~5 倍。

(2)掘进机开挖质量好,开挖轮廓圆顺,超挖量少。掘进机开挖的隧道内壁光滑,不存在凹凸现象,从而可减少支护工程量,降低工程费用。开挖洞壁粗糙度一般为 0.019,开挖洞径尺寸误差小于或等于 2 cm。

(3)对围岩扰动小,避免因为爆破振动可能引起的围岩松动坍塌,且施工人员可以在掘进机带有的局部或整体护盾保护下工作,施工安全性好。

(4)使用劳动力少,劳动强度低,作业环境好,有利于作业人员的健康。

(5)有利于环境保护。由于 TBM 工法掘进效率高,可减少辅助坑道的设置数量,减少对山体的破坏。

同时,TBM 施工也有其适用范围及以下局限性:

(1)TBM 设备一次性投资成本较高。以前的文献数据是 TBM 主机和后配套综合报价为 156 万~168 万美元/直径 m,合人民币 1 300 万~1 400 万元/直径 m。本工程根据国内 1990~2011 年实施工程中 16 台 TBM(含配套设备)采购价统计分析,TBM 设备采购价约 2 000 万元/直径 m。

(2)TBM 的设计制造需要一定的周期,一般为 9 个月,这还不包括运输及洞口安装调试时间。因此,从确定订制 TBM 到开始掘进需要约 12 个月时间。

(3)正常情况下一台 TBM 一次施工只适用同一个直径的隧道。

(4)TBM 对地质条件比钻爆法敏感,不同的地质边界条件需要不同种类的掘进机并配置相应设施。

国外实践证明,当隧道长度与直径之比大于 600 时,采用 TBM 进行隧道施工是经济的。TBM 是适合 6 km 以上,特别是 10 km 以上特长隧道施工的先进机械。要实现特长隧道 TBM 的快速施工,还需要做好下列工作:

(1)明确的地质条件和不良地质地段的预处理措施;

(2)合理的掘进机选型和完善的配套系统;

(3)适合掘进机施工的科学管理。

根据 Robbins 公司的统计资料，世界工程实践中产生的 TBM 掘进世界纪录见表 5-1。

表 5-1　TBM 掘进世界纪录

直径(m)	分类信息	最高日纪录(m)	最高周纪录(m)	最高月纪录(m)	最高月均纪录(m)
3.01～4.00	记录	172.4	703	2 066	1 189
	制造商	Robbins	Robbins	Robbins	Robbins
	机械编号	Mk 12C	Mk 12C	MB 104-121A	Mk 12C
	工程	Katoomba Carrier	Katoomba Carrier	Oso Tunnel	Katoomba Carrier
	所在地	Australia	Australia	USA	Australia
4.01～5.00	记录	128.0	477	1 822	1 352
	制造商	Robbins	Robbins	Robbins	Robbins
	机械编号	MB 146-193-2	MB 146-193-2	DS 1617-290	DS 155-274
	工程	SSC No. 4, Texas	SSC No. 4, Texas	Yellow River Tunnels 4 and 5	Yellow River Lot V
	所在地	USA	USA	China	China
5.01～6.00	记录	99.1	562	2 163	1 095
	制造商	Robbins	Robbins	Robbins	Robbins
	机械编号	MB 1410-251-2	MB 1410-251-2	MB 1410-251-2	DS 1811-256
	工程	Little Calumet, Chicago	Little Calumet, Chicago	Little Calumet, Chicago	Yindaruqin
	所在地	USA	USA	USA	China
6.01～7.00	记录	114.6	500	1 690	1 187
	制造商	Robbins	Robbins	Robbins	Robbins
	机械编号	MB 222-183-2	MB 222-183-2	MB 222-183-2	MB 222-183-2
	工程	Dallas Metro	Dallas Metro	Dallas Metro	Dallas Metro
	所在地	USA	USA	USA	USA
7.01～8.00	记录	92.0	372	1 482	770
	制造商	Robbins / Robbins	Robbins	Robbins	Robbins
	机械编号	MB244-313 / 236-308	MB 321-200	MB 321-200	MB 321-200
	工程	Epping to Chatswood Rail Link / Karahnjukar Hydroelectric	TARP, Chicago	TARP, Chicago	TARP, Chicago
	所在地	Australia / Iceland	USA	USA	USA

续表 5-1

直径(m)	分类信息	最高日纪录(m)	最高周纪录(m)	最高月纪录(m)	最高月均纪录(m)
8.01~9.00	记录	75.5	428	1 719	873
	制造商	Robbins	Robbins	Robbins	Robbins
	机械编号	271-244	271-244	271-244	271-244
	工程	Channel Tunnel, U.K.	Channel Tunnel, U.K.	Channel Tunnel, U.K.	Channel Tunnel, U.K.
	所在地	U.K.	U.K.	U.K.	U.K.
9.01~10.00	记录	74.0	324　(5 d)	982	715
	制造商	Robbins	Robbins	Wirth	Robbins
	机械编号	321-199	321-199	TB 946 E/TS	321-199
	工程	TARP, Chicago	TARP, Chicago	Guadarrama	TARP, Chicago
	所在地	USA	USA	Spain	USA
10.01~11.00	记录	48.8	185	685	
	制造商	Robbins	Robbins	Robbins	
	机械编号	354-253	354-253	354-253	
	工程	TARP, Chicago	TARP, Chicago	TARP, Chicago	
	所在地	USA	USA	USA	

后来又有文献记录,西班牙 Cabrera 工程两条隧洞长度分别为 5 974.4 m 和 5 966.4 m,2007~2008 年采用直径 9.6 m 的双护盾 TBM 掘进,地质条件较好,月均进尺分别达到 995 m 和 1 330 m,其中最高日进尺分别为 83.2 m 和 105.6 m,最高周进尺分别为 430.4 m 和 435 m,最高月进尺分别为 1 600 m 和 1 688 m。

5.1.2　TBM 工程应用情况

5.1.2.1　国外 TBM 应用情况

世界上第一台可实用的 TBM 是美国的 James. Robbins 在 1956 年制造的,他仿照了 1851 年 Charles Wilson 的设计,并对掘进机的破岩刀具进行了改进。自那时起,TBM 便逐渐在地下隧道修建中发挥着越来越重要的作用。

迄今为止,世界上长度超过 10 km 的隧道 100 多条,长度超过 50 km 的铁路隧道已建造了 2 条,这些超长隧道一般都是全部或部分采用 TBM 修建的,今天全世界采用 TBM 施工的隧洞工程比例已达 30%~40%,采用 TBM 开挖的隧道长度累计超过 5 000 km,根据隧道围岩条件和支护要求的不同,主要有敞开式和护盾式。国外大断面 TBM 典型施工实例有:

(1)英吉利海峡隧洞(铁路隧洞)由 3 条平行隧道组成,每条长约 50 km,海底掘进长度约 37 km,围岩为白垩系泥灰岩。该工程英、法两国共使用了 11 台掘进机,1986 年开始施工,1994年底贯通运营。其中一台直径8.36 m的TBM由美国Robbins公司生产,创造了当时月进尺1 719.1 m的世界纪录。如果没有TBM,建造这样巨大的工程,是不可能取得如此高的施工进度、生产率和完备安全纪录的。

(2)1988年日本本州到北海道的青涵海底隧洞建成,长度为53.9 km,为连接日本Kokkaido岛和Honshu岛的海底隧道,施工时间为1964~1984年,历时近20年。

(3)南非莱索托高原水利工程6条隧洞总长200 km,是世界上最大的水利工程之一。此工程用掘进机法掘进总长度为58 408 m,用钻爆法钻进总长度为7 500 m。既用了Robbins TBM,又用了Jarva TBM,两者直径相同,只因单支撑与双支撑的结构不同,使其在推进行程时,有能同时转向与不能同时转向的差异。工程于1990年开工,计划2020年全部完工。

(4)瑞士的圣哥达隧洞长57 km,开挖直径为9.58 m,大约90%的隧洞使用8台硬岩TBM施工,隧洞于1996年开工,2010年10月15日贯通,2017年正式通车。

(5)马来西亚输水隧道。根据经济发展要增加位于马来西亚西侧的首都吉隆坡与周边赛蓝葛州的供水需要,穿过山脉从东侧的邦项州提供每日189万m^3的生活工业用水。由清水建设与西松建设及当地两家公司组成的联营体中标。8个区间中的3个区间采用直径5.2 m TBM掘进并延长34.4 km的隧洞。工程于2003年开工,2014年2月完工。

(6)西班牙Pajares Lot1隧洞长15.027 km,开挖直径9.9 m,围岩主要为砂岩、板岩,无侧限抗压强度$UCS=100$ MPa,采用单护盾TBM掘进(刀盘功率4 900 kW)。TBM于2005年7月始发,2008年8月完成施工。

(7)奥地利Wienerwaldtunnel隧洞共有2条,长度分别为10.754 km、10.738 km,开挖直径均为10.695 m,地质主要为磨砺层、复理层,$UCS=134$ MPa、143 MPa,采用单护盾TBM掘进(刀盘功率4 900 kW)。TBM于2006年3月、9月始发,2007年7月、8月完成施工。

(8)法国Mont Sion公路隧道长5.35 km,开挖直径11.875 m,地质主要为磨砺层,$UCS=70$ MPa,采用单护盾TBM掘进(刀盘功率2 560 kW)。TBM于2006年11月始发,2008年3月完成施工。

(9)西班牙卡夫雷拉地铁隧洞共2条,长均为6.2 km,采用两台双护盾TBM施工,开挖直径约10 m,TBM分别于2007年4月、7月始发掘进,2008年1月25日贯通,平均月进尺1 078.84 m、1 592.20 m,最高月进尺1 920 m。

(10)意大利Valsugana隧洞长5.52 km,开挖直径12.055 m,围岩主要为石灰岩、大理石,$UCS=80$ MPa,采用单护盾TBM掘进。TBM于2004年3月始发,2008年8月完成施工。

(11)多米尼加共和国Palomino引水隧洞长12.436 km,中间有250 m的转弯半径,开挖直径4.5 m,围岩主要为泥灰岩、石灰岩、砂岩,采用一台双护盾TBM掘进。TBM于2009年8月17日始发,2011年3月23日完成掘进,平均日进尺30.59 m,最高日进尺53. 53 m,最高周进尺281.91 m,最高月进尺1 091.65 m。

(12)埃塞俄比亚GD-3水电站引水隧洞,硬岩掘进机开挖段长10 398.673 m,施工段主要位于前寒武纪时期的太古代的花岗岩、夹片岩和片麻岩岩体内,属于坚硬岩体,节理不发育。经过审慎的论证和考量,葛洲坝集团比较了国际品牌的TBM及施工方案后,最终选择了由秦皇岛天业通联重工股份有限公司与意大利SELI公司进行合作设计、生产的

DSUC 型硬岩隧道掘进机。该型 TBM 是对敞开式 TBM 和护盾式 TBM 的一种升级换代，是世界上新一代岩石掘进设备。新型 TBM 具有更加广泛的地质适应性，具有操作简单、盾体长度小、推进力和扭矩大、脱困能力强、液压及电控系统安全可靠的特点，是集机、电、液、信息于一体的新型 TBM。根据现场的工期安排，2013 年 7 月下旬开始该引水隧洞的试掘进施工。

国外大断面 TBM 施工实例见表 5-2。

5.1.2.2　国内 TBM 应用情况

1966 年，几乎与国外佳伐公司、德马克公司、维尔特公司同时起步，我国原水电部上海水工机械厂组装生产出第 1 台直径 3.4 m 的 SJ34 型掘进机，用于杭州玉皇山、宝石山人防工程。20 世纪 70 年代进入工业性试验阶段，全国各部门相继研制出第一代掘进机，但因质量和相关关键技术问题没解决，多数不能使用。20 世纪 80 年代进入实用性阶段，在由国家科学技术委员会组建的全国掘进机办公室的组织下，研制出第二代掘进机和第三代掘进机，在河北引滦入唐工程、福建龙门滩、青岛引黄济青、江西萍乡、河北迁西、山西怀仁、云南羊场、贵州南山、山西古交等煤矿工程中使用。当时我国掘进机在技术性和可靠性等方面与国外相比较还有相当大的差距。近年来，随着我国基础设施建设的发展，许多长大山岭隧道需要修建，对 TBM 的需求量也逐步增大，掘进机制造和应用技术在我国进入了新的发展阶段。

1985 年以来，TBM 在中国经历了从依赖进口设备和国外企业施工到自主设计、自行制造、独立施工的发展历程。1985～1995 年，主要为“TBM 设计、制造和施工全过程由国外企业主导，中国企业学习”的阶段，代表性工程主要有广西天生桥、甘肃引大入秦和山西引黄入晋等工程；1995～2005 年，主要为“TBM 设计和制造依靠国外，国内承包商参与施工”的阶段，代表性工程主要有西康铁路秦岭隧道、西安—南京铁路磨沟岭隧道和桃花铺隧道；2005～2012 年，主要为“国外企业主导 TBM 设计，国内专家参与设备选型和系统设计，零部件加工和设备组装在国内进行，国内承包商能够自主施工”的阶段，代表性工程主要有辽宁大伙房水库输水工程、甘肃引洮、锦屏二级水电站、重庆地铁、西藏旁多水利枢纽等；2012 年至今，主要为“国内企业自行设计生产 TBM 设备、自主设计施工 TBM”的阶段，代表性工程主要有吉林引松工程、辽宁 LXB 引水工程、神东补连塔煤矿 2# 副井、淮南张集煤矿瓦斯抽采巷道、新疆 ABH 引水工程、大瑞铁路高黎贡山隧道等。

1985 年以来，我国已经使用或计划使用 TBM 施工的典型隧洞工程实例列举如下：

（1）广西天生桥二级水电站工程。广西天生桥二级水电站引水隧洞，1985 年采用两台美国 Robbins 公司制造的二手敞开式掘进机，直径为 10.8 m。但因溶洞十分发育以及其他不良地质条件，严重影响施工进度，未能很好地发挥掘进机的优点。

（2）甘肃省引大入秦工程。甘肃省引大入秦工程是将大通河水引入兰州秦王川的一项大型跨流域调水工程，总干渠全长 86.9 km。引大入秦工程总干渠中的 30A 隧洞和 38# 隧洞采用了 TBM 施工。30A 隧洞位于甘肃省永登县水磨沟至大沙沟之间，洞长 11 649 m，地层自进口至出口依次由前震旦系结晶灰岩、板岩夹千枚岩、砾岩、砂砾岩、泥质粉砂岩、砂岩及出口约长 150 m 的黄土所组成。38# 隧洞长 540 m，围岩为砂岩。此两条隧洞开挖直径为 5.53 m，衬砌后直径为 4.8 m，采用美国 Robbins 公司生产的 180 型双护盾 TBM 掘进，预制钢筋混凝土管片衬砌。工程 TBM 掘进最高月进尺为 1 300 m，1992 年贯通。

表 5-2　国外大断面 TBM 施工实例

隧道名称	直径(m)	施工长度(m)	主要岩性及抗压强度(MPa)	掘进速度(m/d)	施工年度	TBM 形式
美国沃赫水坝水工隧道	8.0	16 858	页岩(1.4~2.8)	最高 42.6	1952	Robbins 8.0 m
巴基斯坦水工隧道 Mangla	11.2	500×5	砂岩、黏土、石灰岩		1963	Robbins (37-1 110)全断面敞开式
美国芝加哥下水道 TARP73-160-2H	10.77	5 408	白云质石灰岩、局部风化页岩(35~226)	18.6	1977	Robbins (353-197)全断面敞开式
美国芝加哥下水道 TARP73-162-CK	10.77	893	白云质石灰岩、局部风化页岩(35~226)	19	1979	Robbins(353-197)全断面敞开式
美国芝加哥下水道 TARP73-160-2H	10.77	6 454	白云质石灰岩、局部风化页岩(105~226)	17.7	1988	Robbins(354-253)全断面敞开式
美国芝加哥下水道 TARP75-126-2H	10.74	7 725	白云质石灰岩、局部风化页岩(120~175)	15.4	1977	Robbins(353-196)全断面敞开式
中国天生桥水工隧道	10.77	9 776×3	石灰岩、泥灰岩(85%)、页岩(15%)		1984~1992	Robbins(352-196)全断面敞开式
瑞士铁路隧道 Heitersberg	10.65	2 600	砂岩		1970~1972	Robbins(352-128)全断面敞开式
美国芝加哥下水道 TARP75-127-2H	9.86	3 978	白云质石灰岩、局部风化页岩(84~225)	17.8	1978	Robbins(321-299)全断面敞开式
美国芝加哥下水道 TARP73-123-2H	9.86	6 682	白云质石灰岩、局部风化页岩(84~225)	19.8	1978	Robbins(321-200)全断面敞开式
美国芝加哥下水道 TARP75-132-2H	9.83	6 313	白云质石灰岩、局部风化页岩(35~226)	24	1988	Robbins(322-254)全断面敞开式
美国芝加哥下水道 TARP73-125-2H	9.83	7 526	白云质石灰岩、局部风化页岩	14.6	1977	Jarva 全断面敞开式
美国芝加哥下水道 TARP72-049-2H	9.17	8 534	白云质石灰岩、局部风化页岩	16.8	1984	Jarva 全断面敞开式
美国下水道 Minvaukee	9.7	8 534+6 494	石灰岩、页岩		1985~1987	Robbins(321-200)全断面敞开式
瑞士公路隧道 Cubrist	11.55	3 000×2	泥灰岩、砂岩	9.8~11.9	1979	Robbins 护盾式
瑞典铁路隧道 Hallendsasen	9.1	8 600×2	花岗片麻岩、片麻岩		1992	Jarva(Mk27)全断面敞开式
挪威公路隧道 Bergen	7.8	3 200+3 800	花岗片麻岩	10.0	1986	Robbins(2522-226)全断面敞开式
瑞士道路隧道 Bozberg	11.8	3 681+3 726	石灰岩、砂岩	8	1990~1993	Robbins 全断面敞开式
瑞士道路隧道 Mt.Russein	11.81	3 400	泥灰岩、砂岩、黏土		1990~1992	Robbins(382-258)全断面护盾式
瑞士道路隧道 Zurichberg	11.52	4 355	泥灰岩、砂岩	12.6	1985~1988	Robbins(352-128.1)全断面护盾式
瑞士道路隧道 Cllbrist	11.5	3 300×2	泥灰岩、砂岩	9.8、11.9	1980~1981	Robbins(352-128.1)全断面护盾式
法国里昂道路隧道	10.96	3 200×2	片麻岩(1.4 km×2)、冲积层(1.8 km×2)	片麻岩 16、冲积层 20	1994~1996	三菱重工全断面护盾式
美国波士顿下水道 Marbour.Dutfall	8.1	15 090	黏土岩、灰绿岩、石灰岩		1992	Robbins(372-264)全断面护盾式
瑞士隧道 Vereina	7.7	1 900	花岗岩	13.6~22.9	1995~1998	Wirth TB770/850E
瑞士铁路隧道 Heitersberg	10.65	2 600	砂岩		1970~1972	美国 Rbbins 掘进机

续表 5-2

隧道名称	直径（m）	施工长度（m）	主要岩性及抗压强度(MPa)	掘进速度（m/日）	施工年度	TBM 形式
意大利铁路隧道 Condotted Aogu	8.2	4 000	绿岩(211~238)			美国 Robbins 掘进机
意大利铁路隧道 Castiglione	10.87	7 396			1977	美国 Robbins 掘进机
南非铁路隧道 Isango Yana	9.0	2 400	砂岩—泥岩和碳质页岩		1979~1981	德国 Wirth 掘进机
瑞士铁路隧道 F.A.R.T3	9.10	17 000	片麻岩、漂石			德国 Wirth 掘进机
荷兰隧道 Groene Hart	14.87	7 176	泥炭土、黏土、饱和砂土	12.8	2001~2004	法国 Nfm 泥水盾构掘进机
荷兰隧道 Westerschelde	11.34	13 200	砂岩、黏土	12.0	1998~2003	德国 Herrenknecht 掘进机
南非引水隧道 Lesotho	4.9~5.4	30 500	玄武岩	30	1999~2002	Jarva(Mk15)全断面护盾式
英吉利海峡隧道铁路隧道	8.36~8.76	2×49 000	页岩(1.4~2.8)	最高 75	1989~1991	豪登、罗宾斯-川崎、三菱等
英吉利海峡隧道服务隧道	5.36~5.76	49 000	砂岩、黏土、石灰岩	最高 60	1987~1990	
西班牙卡夫雷拉地铁隧洞	10	2×6 200		平均 1 078.84 m/月、1 592.20 m/月，最高 1 920 m/月	2007~2008	德国 Herrenknecht 双护盾掘进机
多米尼加共和国 Palomino 引水隧洞	4.5	12 436	泥灰岩、石灰岩、砂岩	平均 30.59m，最快 53.53 m/d、281.91 m/周、1 091.65 m/月	2009~2011	德国 Herrenknecht 双护盾掘进机
西班牙 Pajares Lot1 隧洞	9.9	15 027	砂岩、板岩，UCS=100 MPa		2005~2008	德国 Herrenknecht 单护盾掘进机
法国 Mont Sion 公路隧道	11.875	5 350	磨砺层，UCS=70 MPa		2006~2008	德国 Herrenknecht 单护盾掘进机
奥地利 Wienerwaldtunnel 隧洞	10.695	10 754、10 738	磨砺层、复理层，UCS=134 MPa、143 MPa		2006~2007	德国 Herrenknecht 单护盾掘进机
意大利 Valsugana 隧洞	12.055	5 520	石灰岩、大理石，UCS=80 MPa		2006~2007	德国 Herrenknecht 单护盾掘进机

(3)山西省万家寨引黄工程。此项工程先后采用6台直径4.82~6.13 m双护盾TBM进行无压引水隧洞的施工,TBM施工总长度125.25 km。此项工程把双护盾TBM掘进技术与六边蜂窝形管片衬砌加豆砾石回填灌浆技术相结合,经过业主、设计、施工和监理诸方面合作,从总干6#、7#、8#隧洞施工质量不能令人满意,到连接段7#隧洞管片安装中接缝错台90%以上控制在5 mm范围内,满足了施工质量的要求。工程TBM掘进最高日进尺为113 m,最高月进尺为1 822 m,2002年贯通。

(4)秦岭铁路隧道。该隧道由2座基本平行的单线铁路隧道组成,两座隧道中线的间距为30 m,Ⅰ、Ⅱ线隧道长度相等,均为18 456 m,是当时中国建成的最长的铁路隧道,在世界单线铁路隧道中,按长度排序名列第六。秦岭铁路隧道接近南北向穿越秦岭山区,隧道的最大埋深约1 600 m,埋深超过1 000 m的地段长约3.8 km。该隧道穿越山体的地质构造和地层岩性复杂,有高地应力、岩爆、突然涌水、围岩失稳等地质灾害,工程建设任务非常艰巨。1997年Ⅰ线隧道进出口各采用1台直径8.8 m的TB880E型敞开式TBM施工,并采用圆形模筑混凝土衬砌,其最小内轮廓为7.7 m。该工程结束了我国铁路隧道钻爆法“一统天下”的历史,TBM掘进最高月进尺为528 m,1999年贯通。

(5)桃花铺1#隧道。西安—合肥铁路的桃花铺1#隧洞全长7 234 m,采用曾在秦岭隧道Ⅰ线出口段使用过的直径8.8 m的TB880E型敞开式TBM施工。围岩主要为石英片岩夹大理石,节理较发育,岩石抗压强度70~130 MPa,软岩占70.5%。工程TBM掘进最高月进尺为551 m,2002年贯通。

(6)磨沟岭铁路隧道。西安—南京铁路的磨沟岭铁路隧洞全长6 113 m,采用曾在秦岭铁路隧道Ⅰ线进出口段使用过的直径8.8 m的TB880E型敞开式TBM施工。隧洞围岩主要为泥盆系中统石英片岩及大理岩,大小断层众多,70%以上为软弱岩石。工程TBM掘进最高月进尺为574 m,2002年贯通。

(7)昆明掌鸠河引水隧洞。长13.77 km,围岩为片岩、石英岩和砂岩。2003年开始采用直径为3.65 m双护盾TBM施工,实际施工中遇到沿洞线密布的多条小断层,TBM常被围岩卡住机头,因此全部改用钻爆法施工。

(8)辽宁大伙房输水工程。引水隧洞长85.3 km,是我国目前最长的输水隧洞,其中65 km用3台敞开式TBM施工,开挖直径为8.03 m,成洞直径为7.16 m,出渣采用连续皮带机,这在我国长大隧洞施工中是首次应用。工程已于2005年开始施工,TBM掘进最高月进尺为1 111 m,2009年4月全线贯通。

(9)新疆大坂输水隧洞。新疆大坂输水隧洞总长31.9 km,采用双护盾TBM施工19.7 km,开挖直径为6.74 m,成洞直径为6 m。采用六边形预制钢筋混凝土管片衬砌,管片宽1.6 m。工程于2005年开始施工,TBM掘进最高月进尺为1 003 m,2012年贯通。

(10)南疆铁路中天山特长隧道。是我国最长双线铁路隧道,长22.452 km,左、右线均采用混合法施工,TBM施工段分别长13.5 km和14 km,分别采用在桃花铺1#隧道和磨沟岭铁路隧道施工中用过的直径8.8 m的TB880E型敞开式TBM施工。2007年底开始掘进,TBM掘进最高月进尺为554.6 m,2012年贯通。

(11)锦屏二级水电站。排水洞长约16.73 km,计划中部约15.3 km采用直径7.2 m的敞开式TBM施工,已于2008年6月开始掘进。4条各长约16.67 km,其中1#洞和3#洞采用目前我国水电系统断面最大的直径12.4 m的敞开式TBM施工,已于2008年9月开始掘进。由于后来遇极强岩爆,该工程3台TBM相继于2009~2011年提前结束掘进。

(12)青海引大济湟引水隧洞。是高寒地区深埋长隧洞,隧洞长24.17 km,洞线围岩软硬岩交错,主要有泥岩、砂岩、粉砂岩及互层、花岗片麻岩、花岗闪长岩、石英岩、石英片麻岩等。隧洞平均埋深480 m,最大埋深1 020 m。采用双护盾TBM施工段的长度20.9 km,开挖直径为5.93 m,成洞直径为5 m。2006年开始掘进,后遭遇大型压扭性断层破碎带卡机受阻,整修扩径至6.14 m,另从进口增援1台由甘肃引洮供水工程施工完的NFM双护盾TBM(直径5.95 m,后改造为6.05 m)相向掘进,已于2015年6月底贯通。

(13)陕西引红济石工程。输水隧洞长19.71 km,成洞直径为3.0 m。隧洞围岩主要为片麻岩、大理岩和片岩,以Ⅱ、Ⅲ类岩石为主,岩石较完善,稳定性较好,隧洞一般埋深150~300 m,最大埋深450 m。采用TBM法和钻爆法组合施工方案,钻爆法施工长度8 734 m,TBM施工长度11 027 m,采用原掌鸠河直径3.65 m的双护盾TBM掘进。TBM掘进最高月进尺约560 m,至2015年6月,还剩1 855 m未完成。2017年4月27日掘进贯通。

(14)甘肃引洮供水工程。总干渠长185.63 km,隧洞总长162.88 km。其中7#隧洞长17.24 km,成洞直径为4.8 m;围岩主要为砂岩、泥质粉细砂岩、砂质泥岩、含砾砂岩,14.5%为Ⅳ类、85.5%为Ⅴ类,Ⅴ类围岩单轴饱和抗压强度为1~2 MPa;采用直径5.75 m的单护盾TBM施工,因疏松含水砂层受阻,在完成进口和出口共约12.7 km后于2012年停止掘进,TBM掘进最高月进尺约1 868 m。9#隧洞长18.28 km,成洞直径为4.8 m;围岩主要为大理岩、花岗片麻岩、片岩、含漂石的砾岩、砂岩、泥质粉砂岩、砂砾岩、粉砂质泥岩、含砾砂岩等;Ⅱ类22.5%、Ⅲ类21.9%、Ⅳ类19.7%、Ⅴ类35.9%;采用直径为5.75 m的双护盾TBM施工,TBM掘进最高月进尺约1 464 m,2011年贯通。

(15)云南那邦水电站。引水隧洞长7 370 m,埋深60~600 m,以混合片麻岩、黑云角闪斜长片麻岩为主,地质构造背景复杂,深大断裂和褶皱发育,有富地下水、软岩变形量大、径向变形显著或膨胀性等不良地质问题。围岩分类:Ⅱ类44%、Ⅲ类34%、Ⅳ类19%、Ⅴ类3%。采用直径为4.53 m的敞开式TBM施工,TBM掘进最高月进尺约553 m,2012年贯通。

(16)重庆轨道交通6号线。二期工程铜锣山隧道长2×5 633 m,隧道穿越煤层、岩溶发育带、断层带等复杂地质,以泥岩为主,含砂岩、页岩段的围岩分类主要为Ⅳ类,局部为Ⅴ类。左右线各约2 700 m分别采用1台直径为6.28 m的复合型单护盾TBM施工,TBM掘进最高月进尺约375 m,2013年贯通。

(17)兰渝铁路西秦岭隧道。全长28.236 km,分左右两线,最大埋深约1 400 m。左线TBM设计掘进两段共长12 874 m,右线TBM设计掘进两段共长15 132 m。TBM掘进段地层主要为千枚岩、砂质千枚岩、变砂岩、千枚岩及灰岩互层,最大水平主应力值为16.80~27.45 MPa,岩石饱和抗压强度为30~100 MPa。采用两台直径10.23 m的敞开式

TBM 掘进,采用了皮带机连续出渣条件下的同步衬砌技术。左线第一段 5 594 m 长掘进时段为 2010 年 6 月 25 日至 2011 年 5 月 28 日,平均月进尺 508 m,最高月进尺 841 m;2013 年 4 月 26 日左线 12 874 m 掘进完成,平均月进尺 402 m;2 部同步衬砌台车于 2010 年 9 月 6 日开始同步衬砌,平均衬砌进尺 426.7 m/月。右线 2010 年 5 月 15 日开始步进,约 7 月开始掘进,第一段 7 961 m 长月平均进尺 499 m,同步衬砌平均月进尺 480 m;2014 年 7 月 19 日右线 15 132 m 掘进全部完成,平均月进尺 315 m,最高月进尺 773 m,最高日进尺 42.7 m,独头通风 20 km。

(18)辽宁 LXB 供水工程。水源段为全长 99.8 km 的有压隧洞,约 70%的开挖任务由 4 台敞开式 TBM 承担。各 TBM 于 2013 年底开始陆续始发,到 2016 年全部贯通,平均月进尺 474~646 m。

(19)新街台格庙煤矿一号矿井主斜井。主斜井穿越主要地层为侏罗系中统延安组(J_{1-2y})上段,侏罗系中统直罗组(J_{2z})、安定组(J_{2a}),白垩系下统志丹群(K_{1zh})、第三系上新统(N_2)和第四系(Q_4)。岩层主要为砂质泥岩、粉砂岩,其次为中细粒砂岩,砂质泥岩类吸水状态抗压强度明显降低,多数岩石遇水后软化变形,个别砂质泥岩遇水崩解破坏。其中,斜井会穿越一段弱胶结砾石层。岩石单轴抗压强度为 20~60 MPa,平均 38.5 MPa。斜井长 6 553 m,TBM 掘进段为 6 432.514 m,坡度为 6°,斜井净断面直径 6.6 m、开挖直径 7.62 m,采用 1 台具有土压平衡功能的单护盾 TBM 进行施工,于 2014 年 4 月开始步进,后因故暂停。

(20)补连塔煤矿 2#副井。工程位于内蒙古鄂尔多斯市伊金霍洛旗乌兰木伦镇境内,是神东煤炭分公司用作辅助运输巷道的改扩建矿井。该矿井全长 2 744.54 m,其中明挖段 26.316 m,TBM 段长 2 718.224 m,井筒净直径 6.6 m、开挖直径 7.6 m。工程具有长距离、连续下坡、物料运输困难、上穿下跨既有巷道、穿越软岩煤层、高压富水等难点。2015 年 6 月开始掘进,12 月 22 日顺利贯通,最高月进尺 639 m。

(21)陕西引汉济渭工程。穿秦岭输水隧洞线路全长 98.229 km,其中越岭段长 81.779 km,采用钻爆法与 TBM 法联合施工。TBM 段采用 2 台直径 8.02 m 的敞开式 TBM 施工。设计上游岭南 TBM 掘进段长 19.162 km,其Ⅰ、Ⅱ、Ⅲ、Ⅳ类围岩占比分别为15.9%、77.6%、6.3%、0.2%;下游岭北 TBM 掘进段长 19.140 km,其Ⅱ、Ⅲ、Ⅳ、Ⅴ类围岩占比分别为 0.3%、55.2%、38.4%、6.1%。对Ⅰ类和Ⅱ类围岩,喷混凝土 8 cm+随机锚∟ 2.5 mΦ25;对Ⅲ类围岩,网喷混凝土 10 cm+顶拱锚∟ 3.0 m Φ25@ 1 200×1 200+30 cm 二衬;对Ⅳ类围岩,网喷混凝土 15 cm+锚∟ 3.5 mΦ25~22@ 1 000×1 000+钢拱架H 125@ 1 800+30 cm 二衬;对Ⅴ类围岩,网喷混凝土 15 cm+锚∟ 3.5 mΦ25~22@ 1.0×1.0+钢拱架H 125@ 900+30 cm 二衬。岭南 TBM 于 2015 年 2 月 15 日开始试掘进,岭北 TBM 于 2014 年 6 月开始试掘进,施工过程遇大涌水、软岩大变形、高石英含量硬岩等问题,综合平均月进尺 128~392 m,目前尚在掘进过程中。

(22)西藏旁多水利枢纽工程。输水隧洞长 16.8 km,海拔 4 100 m,中部 TBM 施工段长约 9 856 m,最大埋深 1 300 m,平均埋深 700 m。围岩为闪长玢岩、中酸性火山熔岩、砂岩、板岩,以Ⅱ类、Ⅲ类围岩为主,断裂部位为Ⅳ～Ⅴ类围岩。采用直径为 4.0 m 的敞开式 TBM 施工,2011 年招标,划工期为 2011 年 6 月 1 日至 2015 年 10 月 31 日,共 53 个月。2012 年 10 月 10 日 TBM 抵达工地,2013 年 6 月 10 日始发,至 2015 年 5 月累计掘进 4 500 m,预计 2017 年年底完工。

(23)引故入洛工程。工程起点位于故县水库大坝泄洪中孔下游,终点位于洛阳市高新区拟建水厂和关林水厂。其中,采用 TBM 施工的 $1^{\#}$隧洞长 6.64 km,最大埋深约 181 m,穿越的地层主要为下元古界上熊耳群安山玢岩(P_{t1}^{xl3}),属中硬岩,Ⅱ、Ⅲ、Ⅳ类围岩占比分别约为 5%、67%、28%。TBM 采用中信重工生产的敞开式 TBM 施工,开挖直径 5 m,2016 年 1 月 1 日 TBM 完成安装调试,并开始掘进,目前已累计完成掘进 2 628 m,其中最高日进尺 63 m,最高月进尺 622 m。2017 年 7 月 3 日掘进贯通。

(24)吉林省中部城市引松供水工程。位于吉林省的中部,从第二松花江上丰满水库引水至中部地区。总干线 TBM 施工段总长 69.86 km,拟分为三个施工标段同时施工,其中,TBM1 长 19.797 km、TBM2 长 24.3 km,TBM3 长 19.818 km。TBM 施工段主要为灰岩、花岗岩、凝灰岩等,TBM1 段Ⅱ、Ⅲ类围岩占 89.2%,TBM2 段Ⅱ、Ⅳ类围岩占 84.8%,TBM3 段Ⅱ、Ⅲ类围岩占 73.6%,计划采用 3 台直径 7.93 m 的开敞式 TBM 施工,计划工期 72 个月。TBM1 于 2015 年 1 月 19 日开始组装,3 月 19 开始试掘进,至 2015 年 11 月 11 日累计掘进 5 000 m;至 2016 年 4 月 29 日,经转场 3 个月后开始第二阶段的掘进;前 8 300 m 月平均掘进进尺约 760 m。TBM2 于 2015 年 5 月开始试掘进。TBM3 于 2016 年 6 月 1 日始发,至 2016 年 8 月 12 日第一阶段贯通,累计掘进长度为8 581 m,平均月进尺 592 m。

(25)甘肃兰州市水源地建设工程。工程包括取水口、输水隧洞主洞、分水井、芦家坪输水支线、彭家坪输水支线及其调流调压站、芦家坪水厂和彭家坪水厂等。其中,输水隧洞为压力引水隧洞,主洞全长 31.57 km,施工以双护盾 TBM 为主,辅以钻爆法。TBM 施工主洞长 24.63 km,隧洞内径 4.6 m,采用两台直径 5.49 m 的双护盾 TBM 施工。工程于 2015 年 9 月开工,TBM1 于 2016 年 2 月 19 日开始掘进,至 9 月 19 日累计掘进 2 608 m,平均月进尺 435 m;TBM2 于 2016 年 3 月 18 日开始掘进,至 9 月 20 日累计掘进 2 002 m,平均月进尺 334 m。

(26)新疆 ABH 输水隧洞。输水隧洞全长 41 830 m,隧洞最大埋深 2 186 m,最小埋深 87 m,拟设 2 个施工支洞和 2 座竖井,总体初步施工方案拟将全隧洞分为三段进行施工,其中:进口段 9 720 m 和出口段 1 000 m 拟采用钻爆法施工;其余 31 km 洞段采用 2 台 TBM 分别从 $1^{\#}$施工支洞和输水隧洞出口进入隧洞相向施工:TBM1 段长 14 920 m(逆坡排水),TBM2 段长 16 190 m(顺坡排水)。全隧洞主要地层岩性为凝灰岩、灰岩、黏土岩、砂质泥岩、泥质砂岩、粉砂岩、硅质粉砂岩、花岗岩、大理岩化灰岩、大理岩等。TBM 施工段穿越断层 46 条,约 4.5 km;软岩大变形洞段共计 7.1 km;岩爆段 12 km,其中强岩爆段 7 km。采用 2 台铁建重工直径 6.53 m 的敞开式 TBM 掘进,分别于 2016 年 8 月和 11 月始发掘进。

(27)山西省中部引黄工程。包括取水工程和输水工程,其中输水工程包括总干线、东干线、西干线以及各供水支线。总干 $3^{\#}$输水隧洞总长 119.2 km,埋深小于 300 m 隧洞段长 43.6 km，埋深 300~610 m 隧洞段长 75.6 km。东干输水隧洞总长 28.76 km，隧洞最大埋深 693 m。总干线在高埋深桩号总 77+040.90~118+395.85 段布置 2 台双护盾 TBM，TBM1 和 TBM2 分别从上下游掘进；东干线输水隧洞布置 1 台双护盾 TBM3，从下游向上游掘进。整个 3#隧洞围岩为中硬岩—硬质岩的灰岩、白云岩、变质岩段，岩体较完整或较破碎，长度约 34.3 km，占该段长度的 83.0%；围岩为软—较软岩的泥灰岩、页岩段，围岩极不稳定，不能自稳，长度约 6.6 km，占该段长度的 16.0%；FB4 及 FB5 断层破碎带及影响带，岩体较破碎，围岩极不稳定，不能自稳，长度约 0.4 km，占该段长度的 1.0%。整个东干隧洞中围岩为中硬岩—坚硬岩(灰岩、白云岩、变质岩)的洞段长度 17.1 km，占该段总长度的 85.1%；围岩为软—较软岩(泥灰岩、页岩、同岔沟组片岩)的洞段长度约 2.6 km，且均埋深 300 m 以下，占该段总长度的 13.1%；fc4、fc5 逆断层带处岩体破碎，断层破碎带及影响带长度 0.4 km，占该段总长度的 1.8%。3 台 TBM 自 2015 年 3 月陆续开始掘进，TBM1 目前平均月进尺约 622 m。

(28)西藏 DXL 隧洞。隧洞长 4.2 km，净断面直径 9.13 m，海拔约 5 500 m，隧洞最大埋深约 832 m，隧道区地层为喜马拉雅地层区多雄拉岩组，岩性主要由条带状混合片麻岩、眼球状混合片麻岩、肠状混合片麻岩等组成，片麻理发育，岩石总体属中硬岩—坚硬岩。隧洞具有海拔高、埋深大、断面大、洞线长、沿线地质条件复杂等特点，采用直径 9.13 m 双护盾 TBM 施工。TBM 于 2016 年 5 月 1 日开始掘进，期间遭遇数次卡机，至 10 月 9 日累计掘进 1 405 m，综合平均月进尺 267 m。2017 年 8 月 25 日掘进贯通。

(29)广西桂中治旱乐滩水库引水灌区一期工程窑瓦—六浪隧洞窑瓦—六浪段。该段总长 20 120 m，净断面直径 5.4 m，隧洞前 4.5 km 为浅埋洞段，上覆岩体厚度约 2 倍洞径，围岩为薄—中厚层状灰岩、泥质灰岩互层和中厚夹薄层状灰岩，弱—微风化，围岩类别以Ⅲ类为主；后 14 km 隧洞埋深在 100~300 m，沿线围岩以厚层状灰岩、含燧石灰岩为主，局部为薄层状灰岩，先后经过文定向斜、金樟背斜和 3 条断层，局部岩层挤压强烈，岩层走向与洞轴线相交，岩体稍微破碎，溶蚀裂隙发育，地下水普遍高过洞顶 100 m，围岩以Ⅱ、Ⅲ类为主，局部岩溶发育处会发生涌水或涌泥现象。岩石抗压强度 50~80 MPa，岩石总体完整。隧洞主要采用直径 6 m 的敞开式 TBM 施工，辅以钻爆法施工，其中 TBM 施工长度约 16.11 km、钻爆段施工长度约 4.01 km。2014 年 9 月开始敞开式 TBM 组装，10 月底组装完成，12 月完成调试，12 月 22 日始发进洞，一直磨合到 2015 年 6 月才逐渐正常，到 2015 年 12 月 14 日累计掘进 1 900 m。

(30)南水北调西线一期和二期工程。南水北调西线一期工程隧洞总长 253 km，其中最长的隧洞为 73 km。工程沿线地质条件极其复杂，初步规划设计约需 TBM 13 台。南水北调西线二期工程洞线平行于一期工程洞线，但隧洞总长略长于一期，约需 TBM 15 台。

从上述统计资料可以看出，随着我国经济和社会的快速发展，大量的超长隧洞工程将不断增加，TBM 的制造和施工技术将具有广阔的应用前景。

截至 2017 年 8 月底，国内部分 TBM 施工实例见表 5-3。

表 5-3　国内部分 TBM 施工实例

工程名称	直径（m）	施工长度（m）	主要岩性及抗压强度	最高进尺（m/月）	平均进尺（m/月）	施工时段	TBM 形式
天生桥引水隧洞	10.77	9 776×3	石灰岩、泥灰岩(85%)，页岩(15%)	240	70	1984~1992 年	Robbins 敞开式 TBM
引大入秦工程 30A 隧洞	5.53	11 649	灰岩、板岩夹千枚岩、砾岩、砂砾岩	1 300.8	1 000	1991~1992 年	Robbins 双护盾 TBM
万家寨引黄入晋工程南干 4#、5#洞	4.92	25.9	灰岩	1 821.5	1 079	1997~2001 年	Robbins 双护盾 TBM
万家寨引黄入晋工程南干 6#、5#洞	4.82	20.2	灰岩	1 417.0	722	1997~2001 年	Robbins 双护盾 TBM
万家寨引黄入晋工程南干 7#洞	4.88	21.3	灰岩、煤系地层	1 635.0	819	1997~2001 年	Robbins 双护盾 TBM
万家寨引黄入晋工程南干 7#洞	4.88	19.4	灰岩、煤系地层	1 324.0	788	1997~2001 年	NFM 双护盾 TBM
万家寨引黄入晋工程总干 6#、7#、8#洞	6.125	21.5	灰岩	1 080.6	700	1994~1997 年	Robbins 双护盾 TBM
万家寨引黄入晋工程连接段 7#洞	4.64	13.5	灰岩、泥灰岩	1 637.5	1 334	2000~2001 年	Robbins 双护盾 TBM
万家寨引黄入晋工程北干 1#洞	4.82	25.33	灰岩、砂岩		497	2006~2010 年	Robbins 双护盾 TBM
秦岭铁路隧道进口端	8.8	5.24	77.2%混合片麻岩、22.8%混合花岗岩		230~400	1997~1999 年	Wirth 敞开式 TBM
秦岭铁路隧道出口端	8.8	8.94	混合片麻岩、混合花岗岩	509	387.8	1997~1999 年	Wirth 敞开式 TBM
香港 Tolo 污水隧洞	3.6	7.4	花岗岩		540	1991~1992 年	双护盾 TBM

续表 5-3

工程名称	直径（m）	施工长度（m）	主要岩性及抗压强度	最高进尺（m/月）	平均进尺（m/月）	施工时段	TBM 形式
西安—合肥铁路桃花铺 1#隧道	8.8	7 234	石英片岩夹大理石，节理较发育，岩石抗压强度 70~130 MPa，软岩占 70.5%	551	301	2000~2002 年	Wirth 敞开式 TBM
磨沟岭铁路隧道	8.8	6 113	石英片岩及大理岩	574	340	2000~2002 年	Wirth 敞开式 TBM
昆明掌鸠河引水隧洞	3.65	7 568	片岩、石英岩和砂岩		270	2003~2005 年	Robbins 双护盾 TBM
辽宁大伙房输水工程引水隧洞 TBM1	8.03	19 646	正长斑岩、混合花岗岩、混合岩，Ⅳ、Ⅴ类围岩占 3.3%，饱和抗压强度 42~55 MPa	932.4	566.8	2005~2009 年	Robbins 敞开式 TBM
辽宁大伙房输水工程引水隧洞 TBM2	8.03	20 404	凝灰质砂岩、安山岩、凝灰岩、混合岩，Ⅳ、Ⅴ类围岩占 8.9%，饱和抗压强度 31~88 MPa	750	522	2005~2009 年	Wirth 敞开式 TBM
辽宁大伙房输水工程引水隧洞 TBM3	8.03	18 677	凝灰岩、混合岩、砂岩夹砾岩、凝灰质泥岩，Ⅳ、Ⅴ类围岩占 11.6%，饱和抗压强度 30~64 MPa	1 111	575	2005~2009 年	Robbins 敞开式 TBM
新疆大坂输水隧洞	6.84	23 500	中厚层泥岩，夹有炭质泥岩、粉砂质泥岩及细砂岩、砂岩、砂砾岩	1 006	470	2005~2010 年	海瑞克双护盾 TBM
南疆铁路中天山特长隧道左线	8.8	13 980	变质砂岩、变质角斑岩、花岗岩、片岩夹大理岩为主，其中Ⅱ、Ⅲ类围岩约占 73.42%	554.6	约 220	2007~2012 年	Wirth 敞开式 TBM

续表 5-3

工程名称	直径（m）	施工长度（m）	主要岩性及抗压强度	最高进尺（m/月）	平均进尺（m/月）	施工时段	TBM 形式
南疆铁路中天山特长隧道右线	8.8	12 753	隧道最大埋深超过 1 700 m，主要为志留系变质砂岩夹片岩，志留系角斑岩，华力西期花岗岩等。按照实际施工揭示围岩情况，其中Ⅱ、Ⅲ类围岩占 88.8%；Ⅳ、Ⅴ类围岩占 11.2%		约 183	2007 年 11 月 2 日开始步进，12 月 3 日开始试掘进，2013 年 9 月 16 日贯通	Wirth 敞开式 TBM
锦屏二级水电站排水洞	7.20	5 769	大理岩、灰岩及砂岩、板岩，高地应力、强岩爆	753	320.5	2008～2009 年	Robbins MB235-258-2 敞开式 TBM
锦屏二级水电站 1#引水洞东端 TBM	12.4	5 862	大理岩、灰岩及砂岩、板岩，高地应力、强岩爆	547	217	2008～2010 年	Robbins 410-319 敞开式 TBM
锦屏二级水电站 3#引水洞东端 TBM	12.4	6 296	大理岩、灰岩及砂岩、板岩，高地应力、强岩爆	683	225	2008～2011 年	海瑞克 S-405 敞开式 TBM
青海引大济湟引水隧洞	出口 5.93～6.05、进口 5.95	出口 7 900、进口 13 000	泥岩、砂岩、粉砂岩及互层、花岗片麻岩、花岗闪长岩、石英岩、石英片麻岩		出口正常 423、进口正常 468	2006～2015 年	出口 Wirth 双护盾进口 FM-TBM 双护盾

续表 5-3

工程名称	直径（m）	施工长度（m）	主要岩性及抗压强度	最高进尺（m/月）	平均进尺（m/月）	施工时段	TBM 形式
陕西引红济石工程输水隧洞	3.655	11 027（至 2015 年 6 月剩余 1 855）	片麻岩、大理岩和片岩	约 560	约 181	2008~2013 年	Robbins 1217-303 双护盾
甘肃引洮供水工程 $7^{\#}$洞	5.75	出口 2 549、进口 11 120	砂岩、泥质粉细砂岩、砂质泥岩、含砾砂岩。Ⅳ类 14.5%、Ⅴ类 85.5% 。Ⅴ类围岩单轴饱和抗压强度 1~2 MPa	进口 1 868	出口 255、进口 1 308	2009~2012 年	NFM 单护盾
甘肃引洮供水工程 $9^{\#}$洞	5.75	18 275	大理岩、花岗片麻岩、片岩、含漂石的砾岩、砂岩、泥质粉砂岩、砂砾岩、粉砂质泥岩、含砾砂岩等。Ⅱ类 22.5%、Ⅲ类 21.9%、Ⅳ类 19.7%、Ⅴ类 35.9%	1 464	802	2009~2011 年	NFM 双护盾
云南那邦水电站引水隧洞	4.53	7 370	埋深 60~600 m。混合片麻岩、黑云角闪斜长片麻岩。地质构造背景复杂，深大断裂和褶皱发育，软岩变形量大、径向变形显著或膨胀性。Ⅱ类 44%、Ⅲ类 34%、Ⅳ类 19%、Ⅴ类 3%	553.03（日 42）	234.7（日 12~15）	2009~2012 年	海瑞克敞开式
重庆轨道交通 6 号线一期工程 TBM 试验段	两台 6.28	左 6 679、右 6 851	隧道穿越砂岩、砂质泥岩和泥岩，其中砂质泥岩和泥岩占 88%，围岩分类主要为Ⅳ类	862（日 46.8）	407（日 13.6）	左线 2010 年 1 月 13 日至 2011 年 10 月 8 日；右线 2009 年 12 月 25 日至 2011 年 7 月 31 日	敞开式

续表 5-3

工程名称	直径（m）	施工长度（m）	主要岩性及抗压强度	最高进尺（m/月）	平均进尺（m/月）	施工时段	TBM 形式
重庆轨道交通 6 号线二期铜锣山隧道	两台 6.28	共 5 432	隧道穿越煤层、岩溶发育带、断层带等复杂地质。以泥岩为主，含砂岩、页岩段，围岩分类主要为Ⅳ类，局部为Ⅴ类	375	340	2011 年 9 月 8 日开始步进，2013 年 1 月 8 日贯通	Robbins 复合型单护盾 TBM
兰渝铁路西秦岭隧道左线	10.23	单线全长约 28 km：左线 TBM 12.87 km、右线 TBM 15.13 km	隧道最大埋深约 1 400 m，TBM 掘进段地层主要为千枚岩、砂质千枚岩、变砂岩、千枚岩及灰岩互层，最大水平主应力值为 16.80～27.45 MPa，岩石饱和抗压强度为 30～100 MPa	841	402	掘进时间 2010 年 6 月 25 日至 2013 年 4 月 26 日（含中间步进约 2 个月）	Robbins 敞开式
兰渝铁路西秦岭隧道右线	10.23			773	315	2010 年 5 月 13 日，TBM 开始步进，约 7 月开始掘进，2014 年 7 月 19 日贯通	Robbins 敞开式
甘肃兰州市水源地建设工程 TBM2	5.49	14 531	管片生产设计为 6 块厚度 30 cm、环宽 1.5 m 的环形预制钢筋混凝土管片，错缝拼装，组成外径 5.2 m、内径 4.6 m 的圆形单洞隧道		334	2016 年 2 月 16 日完成组装开始滑行（200 m）进洞，3 月 18 号开始试掘进，4 月 18 日累计掘进 176 m，8 月 19 日累计掘进1 343 m，9 月 20 日累计掘进 2 002 m	铁建重工双护盾
甘肃兰州市水源地建设工程 TBM1	5.48	支洞 2 980+主洞 10 250			435	2016 年 2 月 19 日，开始步进。2016 年 7 月 17 日，累计掘进 1 500 m，9 月 19 日，累计掘进2 608 m	中铁装备双护盾

续表 5-3

工程名称	直径(m)	施工长度(m)	主要岩性及抗压强度	最高进尺(m/月)	平均进尺(m/月)	施工时段	TBM 形式
西藏旁多水利枢纽工程	4.0	9 856	高海拔 4 100 m,最大埋深 1 300 m,平均埋深 700 m 闪长玢岩、中酸性火山熔岩、砂岩、板岩。以Ⅱ、Ⅲ类围岩为主,断裂部位Ⅳ、Ⅴ类		188	2012 年 10 月 10 日 TBM 抵工地,2013 年 6 月 10 日始发,2015 年 5 月累计掘进 4 500 m,预计 2017 年年底完工	海瑞克敞开式 M1669
吉林引松工程二标段	7.93	19 800	凝灰岩、花岗岩、闪长岩、灰岩、安山岩、泥岩,最大埋深 536. 8 m,Ⅱ、Ⅲ类围岩占88.8%,Ⅳ、Ⅴ类围岩占 11.2%	1 210	760(前 8.3 km)	2014 年 12 月 27 日下线,组装 55 d,2015 年 3 月 18 日试掘进;2015 年 11 月 11 日累计掘进 5 000 m;2016 年 4 月 29 日,经 3 个月转场检修后开始第二阶段的掘进	铁建重工敞开式
吉林引松工程三标段	7.93	24 300	凝灰岩、花岗岩、闪长岩、灰岩、安山岩、泥岩	1 000	650(前 4.9 km)	2014 年 3 月签采购合同,2015 年 2 月 28 日在上海出厂验收;2013 年进场,2015 年 5 月试掘进	Robbins 敞开式
吉林引松工程四标段	7.93	16 700	凝灰岩、花岗岩、闪长岩、灰岩、安山岩、泥岩,Ⅱ、Ⅲ类围岩占 76%,Ⅳ、Ⅴ类围岩占 24%	(单班 31.5、单日 58.6) 721	第一阶段 592	2015 年 3 月 26 日运抵现场;2015 年 5 月 30 日始发,至 2015 年 12 月 1 日掘进 3 096 m;2016 年 8 月 12 日第一阶段贯通 8 581 m	中铁装备敞开式

续表 5-3

工程名称	直径（m）	施工长度（m）	主要岩性及抗压强度	最高进尺（m/月）	平均进尺（m/月）	施工时段	TBM 形式
新街台格庙煤矿 1#矿井主斜井	7.62	6 433，坡度 6°	岩层主要为砂质泥岩、粉砂岩，次为中细粒砂岩，砂质泥岩类吸水状态抗压强度明显降低，多数岩石遇水后软化变形，个别砂质泥岩遇水崩解破坏。其中，斜井会穿越一段弱胶结砾石层。岩石单轴抗压强度为 20～60 MPa，平均 38.5 MPa			2014 年 4 月至目前暂停	单护盾 TBM
补连塔煤矿 2#副井	7.6	2 718		639	543	2015 年 6 月至 2015 年 12 月 22 日	
广西桂中治旱乐滩水库引水灌区一期工程窑瓦—六浪隧洞窑瓦—六浪段	6.0	16 110	围岩以厚层状灰岩、含燧石灰岩为主，局部为薄层状灰岩，以Ⅱ、Ⅲ类围岩为主，抗压强度为 50～80 MPa，岩石总体完整		正常时 22 m/d	2014 年 9 月组装，10 月底组装完成，12 月完成调试，12 月 22 日始发进洞，一直磨合到 2015 年 6 月才正常，到 2015 年 12 月 14 日累计掘进 1 900 m	敞开式
LXB 二段五标 TBM8	8.53	第一段 4 979、第二段 2 968	第一段 5 742 m（桩号 128+542～122+800），围岩以Ⅲ类为主。洞顶埋深 21～425 m，洞室围岩主要岩性为石英二长岩，以微风化为主，属中硬—坚硬岩；节理不发育—较发育，节理面多平直光滑，局部起伏粗糙，微张—闭合，一般无充填；岩体较破碎，完整性差，局部较完整；地下水一般呈渗水—滴水状态，局部呈线状流水状态	955（55.5 m/d）	第一段 474	2014 年 1 月 21 日始发掘进，截至第 96 天，累计掘进 943 m，日平均掘进 9.82 m。2014 年 12 月 2 日，贯通 TBM8-1 段	敞开式

续表 5-3

工程名称	直径（m）	施工长度（m）	主要岩性及抗压强度	最高进尺（m/月）	平均进尺（m/月）	施工时段	TBM 形式
LXB 二段四标 TBM6	8.53	第一段 6 406、第二段 3 271	第一段掘进 6 406 m+步进 4 433 m+第二段掘进 3 271 m	763（46.5 m/d）	第一段 582、第二段 723	2013 年 12 月 3 日 TBM6 部件相继进场，12 月 5 日 TBM 开始组装，2014 年 1 月 1 日开始步进，1 月 28 日步进至掌子面，经短暂联调联试，至 2 月 11 日试掘进，历时 67 d 完成了 TBM 部件的运输、洞内组装、步进、调试工作。TBM 于 2 月 11 日至 3 月 25 日为边调试边掘进阶段，共掘进 243.6 m。于 3 月 26 日正常掘进至 2015 年 1 月 13 日第一段贯通。 第二段于 2015 年 4 月开始掘进，当月掘进 822.6 m，8 月 18 日贯通	敞开式

续表 5-3

工程名称	直径（m）	施工长度（m）	主要岩性及抗压强度	最高进尺（m/月）	平均进尺（m/月）	施工时段	TBM 形式
LXB 桓集隧道工程施工四标 TBM3 和 TBM4	8.53	TBM4:7 275+8 200、TBM3:8 833+6 501		TBM4:960、TBM3:1 078	TBM4:595 TBM3:646	TBM4 于 2013 年 11 月 11 日开始掘进，2014 年 12 月 4 日，TBM4 的 1 段贯通。2015 年 1 月 28 日，TBM4 的 2 段始发，11 月 14 日累计掘进 5 996 m，于 2015 年 3 月 8 日贯通。 TBM3 于 2014 年 1 月 23 日始发掘进，12 月 10 日累计掘进 5 965 m，2015 年 1 月 23 日周年累计掘进 7 727 m。2015 年 4 月 21 日，TBM3 的 1 段 8 833 m 贯通。2015 年 7 月 13 日，TBM3 的 2 段始发掘进，11 月 5 日累计掘进 2 569 m，2016 年 4 月 5 日贯通	Robbins 敞开式

续表 5-3

工程名称	直径（m）	施工长度（m）	主要岩性及抗压强度	最高进尺（m/月）	平均进尺（m/月）	施工时段	TBM 形式
新疆 ABH 输水工程 TBM1	6.53	14 920	全隧洞主要地层岩性为凝灰岩、灰岩、黏土岩、砂质泥岩、泥质砂岩、粉砂岩、硅质粉砂岩、花岗岩、大理岩化灰岩、大理岩等。TBM 施工段穿越断层 46 条，约 4.5 km；软岩大变形洞段共计 7.1 km；岩爆段 12 km，其中强岩爆 7 km			2016 年 10 月 3 日完成组装，正式步进，11 月 5 日开始试掘进	铁建重工敞开式
新疆 ABH 输水工程 TBM2	6.53	16 190				2016 年 7 月 15 日，TBM 步进 8 m，8 月 17 日始发掘进	铁建重工敞开式
引故入洛引水隧洞	5.0	6 500	隧洞最大埋深约 260 m，主要为安山玢岩（P_{t1}^{xl3}），岩石致密坚硬，饱和抗压强度 48.5 ~ 71.2 MPa，平均值 58.6，属中硬质岩石。Ⅱ、Ⅲ、Ⅳ类围岩占比分别约为 5%、67%、28%	622（63 m/d）	329	2016 年 1 月 1 日完成安装调试，并开始掘进	中信重工
西藏 DXL 隧洞	9.13	4 512	海拔约 5 500 m，隧洞最大埋深约 830 m，隧道区地层为喜马拉雅地层区多雄拉岩组，岩性主要由条带状混合片麻岩、眼球状混合片麻岩、肠状混合片麻岩等组成，片麻理发育，岩石总体属中硬岩—坚硬岩。隧洞具有海拔高、埋深大、断面大、洞线长、沿线地质条件复杂等特点		267（前 1 405）	TBM 于 2016 年 5 月 1 日开始试掘进，期间遭遇数次卡机，至 10 月 9 日累计掘进 1 405 m	海瑞克双护盾

续表 5-3

工程名称	直径（m）	施工长度（m）	主要岩性及抗压强度	最高进尺（m/月）	平均进尺（m/月）	施工时段	TBM 形式
山西中部引黄工程 TBM1 标	5.06	支洞 4 981+主洞 21 029	途中要穿越 7 条地质断裂带，存在涌水、塌方、溶洞及岩爆等地质灾害的可能。为灰岩、白云岩、泥灰岩及部分变质岩的硬质岩段，其饱和抗压强度多在 40~100 MPa。 C45 管片内径 4.3 m、厚 25 cm、外径 4.8 m	1 411	622	2015 年 1 月 23 日开始步进，3 月 1 日开始掘进，6 月 25 日累计掘进 1 552 m，2016 年 1 月 26 日，TBM 掘进支洞 5.28 km 贯通。2016 年 4 月 26 日累计掘进 7 292 m，2016 年 7 月 26 日累计掘进 10 573 m	Robbins 双护盾
山西中部引黄工程 TBM2	5.06	支洞 3 033+主洞 20 326	穿越黑茶山自然保护区，最大埋深 590 m，其中进洞支洞总长 3.67 km，纵坡 6.5%。为灰岩、白云岩、泥灰岩及部分变质岩			2015 年 4 月 20 日，TBM2 开始步进	Robbins 双护盾
山西中部引黄工程 TBM3		支洞 3 600+主洞 20 000	隧洞多数地段埋深大于 400 m，最大埋深达到 693 m。围岩岩性为变流纹岩、片麻岩、石英岩状砂岩段、灰岩、白云岩、泥灰岩、页岩的硬质岩段，其饱和抗压强度多在 40~100 MPa。管片外径 3.9 m			2015 年 2 月 13 日，TBM3 开始步进	双护盾

5.1.3 CCS 输水隧洞 TBM 选型

5.1.3.1 工程地质条件

CCS 输水隧洞沿线地形起伏较大，地势总体呈西高东低，最高点海拔 1 998 m，最低点海拔 1 205 m，隧洞埋深一般洞段为 300~600 m，局部洞段超过 700 m。

输水隧洞穿过的地层主要有：侏罗系—白垩系 Misahualli 地层（J-K^m）的凝灰岩、安山岩，白垩系下统 Hollin 地层（K^h）的砂岩、页岩互层，局部洞段可见花岗岩侵入体（g^d），在详细设计阶段，根据勘察成果，采用的 RMR 围岩分类法对输水隧洞进行分段围岩分类，结果表明：输水隧洞围岩以Ⅱ、Ⅲ类为主，所占比例为 79.2%，分布有较多的断层及破碎带，围岩多为Ⅳ、Ⅴ类，所占比例约 20.8%。CCS 输水隧洞工程地质剖面图见图 5-4。砂岩、页岩单轴饱和抗压强度 20~40 MPa，安山岩和花岗岩分别为 80~120 MPa、60~80 MPa，断层破碎带岩石小于 10 MPa。

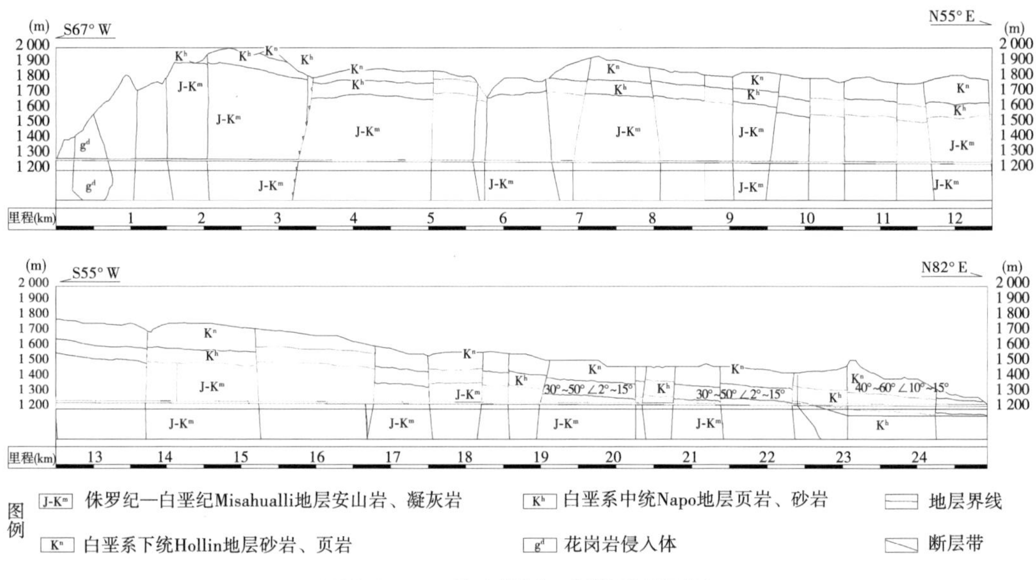

图 5-4 CCS 输水隧洞工程地质剖面图

工程区为一单斜地层，隧洞沿线共发育有不同规模的断层 33 条，断层宽度多小于 2 m，少量断层及破碎带宽度大于 10 m，断层产状多陡倾，与洞轴线大角度相交。区内岩体节理、裂隙面根据其产状大致可分为 3 组：30°~50°∠70°~80°、180°~200°∠75°~80°、330°~350°∠70°~80°。区内地应力为中—低地应力水平，最大主应力方向为 315°~340°，量值为 8~10 MPa。区内影响隧洞地下水类型的主要是 Hollin 地层及 Misahualli 地层的含水岩层及构造裂隙水，补给来源主要是大气降水、地表水及相邻含水层的越流补给，初步估计隧洞在施工过程会出现最大 0.5~1.0 m^3/s 的集中涌水。

5.1.3.2 TBM 选型分析

根据不同类型 TBM 性能与适应地质的条件，开敞式 TBM 主要适用于稳定性较好的Ⅱ、Ⅲ类围岩隧洞，虽然近年来开敞式 TBM 通过配备多种支护及超前处理设备具备了通过特殊不良地质段的能力,但对不良地质段的处理会大量占用时间,从而减少了纯掘进时间,导致其平均掘进速度较低,国内外的实践表明,Ⅱ、Ⅲ类围岩占90%以上的隧洞采用开敞式TBM最为合适,而CCS输水隧洞有20.8%的Ⅳ、Ⅴ类围岩洞段,发育有断层破碎带和节理密集带,开敞式TBM在Ⅳ、Ⅴ类围岩施工必然会遇到很大的困难。另外,开敞式TBM掘进时仅能进行喷锚初期支护,二次衬砌由专门的衬砌台车来施工,在不增设施工支洞的前提下考虑到在掘进时繁忙的洞内交通状况,二次衬砌一般在隧洞贯通后方可进行,掘进和二次衬砌两者相加所需时间较长,而CCS水电站总体工期紧张,时间成本必须加以考虑。综合以上分析,开敞式TBM不适合CCS水电站输水隧洞施工。

单护盾TBM最适合稳定性较差,岩石单轴饱和抗压强度10~50 MPa的Ⅳ、Ⅴ类围岩隧洞,在中—硬岩地层中不能发挥其优势,CCS输水隧洞Ⅳ、Ⅴ类围岩所占比例仅为20.8%,根据前期的勘察成果,强度高的安山岩和花岗岩所占比例超过80%,大部分洞段的安山岩单轴饱和抗压强度在80 MPa以上,少量达到150 MPa以上,单护盾TBM破岩能力无法胜任,因此单护盾TBM也不适合于CCS水电站输水隧洞施工。

双护盾TBM对Ⅱ~Ⅴ类围岩隧洞均有良好的适应性,在硬岩、稳定性好的围岩条件下采用双护盾模式掘进,掘进和管片安装同步时,掘进速度高,在软岩、稳定性差的围岩条件下采用单护盾模式掘进,管片安装在掘进停止后进行,掘进速度会有所降低,但由于管片衬砌紧接在盾尾进行,消除了开敞式TBM因大量的初期支护而引起的停机延误,掘进速度可以有所补偿。CCS水电站输水隧洞Ⅱ~Ⅴ类围岩均有一定范围的分布,考虑到对不同地质条件的适应能力,双护盾TBM最为合适。一般认为,管片衬砌为刚性支护,不适合高地应力和高外水压力的地质条件,CCS水电站输水隧洞地应力和外水压力总体上为中—低水平,对管片衬砌的影响较小。隧洞开挖过程中可能出现较大规模的涌水,但采用上坡掘进后,隧洞自身具有较强的排水能力,设备本身无被淹没的可能。双护盾TBM在设备费用及工程成本上较开敞式高,其占地面积与环境保护方面也略差,但考虑到双护盾TBM较高的掘进速度,从而使工程提前竣工投入运营以产生巨大的经济效益、时间效益和社会效益,其略显高昂的设备成本也是可以接受的。

通过多种因素的对比和分析,综合工程的实际情况和国内外已有的TBM的实践经验,结合CCS输水隧洞围岩的地质条件,在对所适用的TBM类型进行深入细致研究的前提下,决定CCS输水隧洞采用双护盾式TBM施工,CCS输水隧洞选用了两台德国海瑞克公司制造的双护盾TBM。其中,TBM1由位于隧洞中部2#施工支洞向隧洞进口方向掘进,掘进长度约10.0 km,TBM2由隧洞出口向2#施工支洞方向掘进,掘进长度约13.8 km。两台TBM的配置完全相同,设备的主要性能参数如下:主机长(刀盘+护盾)12.4 m,后配套长度157.0 m,TBM总质量约1 960 t,开挖直径9.11 m,盘形滚刀直径19 in,其中中心滚刀8把、面刀38把、边刀13把、扩挖刀3把,安装扩挖刀后,可使开挖直径扩大10 cm。刀盘动力系采用变频电机,刀盘总功率4 200 kW(12×350 kW),刀盘最大转速5.95 r/m,最大扭矩在2.95 r/m时为19 179 kN·m,在5.95 r/m时为9 589 kN·m,后配套上配备了管片安装机、超前钻机、豆砾石回填系统、水泥浆注入系统、砂浆注入系统等设备。

5.2 隧洞围岩稳定分析

5.2.1 计算理论与模型

5.2.1.1 Hoek-Brown 岩体强度准则

Hoek-Brown 岩体强度准则(Hoek et al., 2002)为

$$\sigma_1' = \sigma_3' + \sigma_{ci}\left(m_b \frac{\sigma_3'}{\sigma_{ci}} + s\right)^a \tag{5-1}$$

式中:σ_1'、σ_3'为主应力;σ_{ci}为完整岩石强度,MPa;m_b、s、a 为 Hoek-Brown 的岩体参数,对于完整岩石,$m_b=m_i$(m_i 为完整岩石的 Hoek-Brown 常数),$s=1$,$a=0.5$。

岩体单轴抗压强度 σ_{cm}按下式计算:

$$\sigma_{cm} = \sigma_{ci}s^a \tag{5-2}$$

Hoek-Brown 岩体参数可根据 GSI(地质强度指标)及完整岩石属性获取,计算公式如下:

$$m_b = m_i \cdot \exp\left(\frac{GSI - 100}{28 - 14D}\right) \tag{5-3}$$

$$s = \exp\left(\frac{GSI - 100}{9 - 3D}\right) \tag{5-4}$$

$$a = \frac{1}{2} + \frac{1}{6}\left[\exp\left(-\frac{GSI}{15}\right) - \exp\left(-\frac{20}{3}\right)\right] \tag{5-5}$$

式中:D 为扰动因子,$D=0\sim1$。

Hoek-Brown 残余强度指标亦按式(5-3)~式(5-5)计算,此时各式中的 GSI 值为残余 GSI_r。GSI_r的计算公式为(Cai et al.,2007):

$$GSI_r = GSI \cdot e^{(-0.013\,4GSI)} \tag{5-6}$$

对于岩体的变形模量 E_m,Geodata 公司采用 Hoek & Diederichs (2006)提出的公式,即

$$E_m(\text{MPa}) = E_i\left\{0.02 + \frac{1 - D/2}{1 + \exp[(60 + 15D - GSI)/11]}\right\} \tag{5-7}$$

式中:E_i 为试验测得的完整岩石弹性模量,MPa。

根据合同要求,岩体的变形模量 E_m 采用以下公式计算:

$$E_m(\text{GPa}) = \left(1 - \frac{D}{2}\right)\sqrt{\frac{\sigma_{ci}}{100}} \times 10^{\left(\frac{GSI-10}{40}\right)} \quad (\sigma_{ci} \leqslant 100\ \text{MPa}) \tag{5-8}$$

$$E_m(\text{GPa}) = \left(1 - \frac{D}{2}\right) \times 10^{\left(\frac{GSI-10}{40}\right)} \quad (\sigma_{ci} > 100\ \text{MPa}) \tag{5-9}$$

5.2.1.2 计算模型

根据隧洞沿线地形、地质情况,本次计算选取几处大埋深洞段作为典型洞段,分析这些洞段围岩的变形及衬砌结构的内力。由于隧洞埋深较大,近似将其视为埋置于无限体中的地下结构,假定岩体为均质连续体,按轴对称问题进行研究。本书分析计算区域为沿

水平方向自隧洞轴线向右延伸 5.5 倍开挖洞径，沿竖直方向自隧洞轴线向上、下各延伸 5. 5 倍开挖洞径，沿洞轴向取 99 m。本模型中六面体单元 217 800 个，衬砌单元约 9 600 个，计算模型网格如图 5-5 所示。

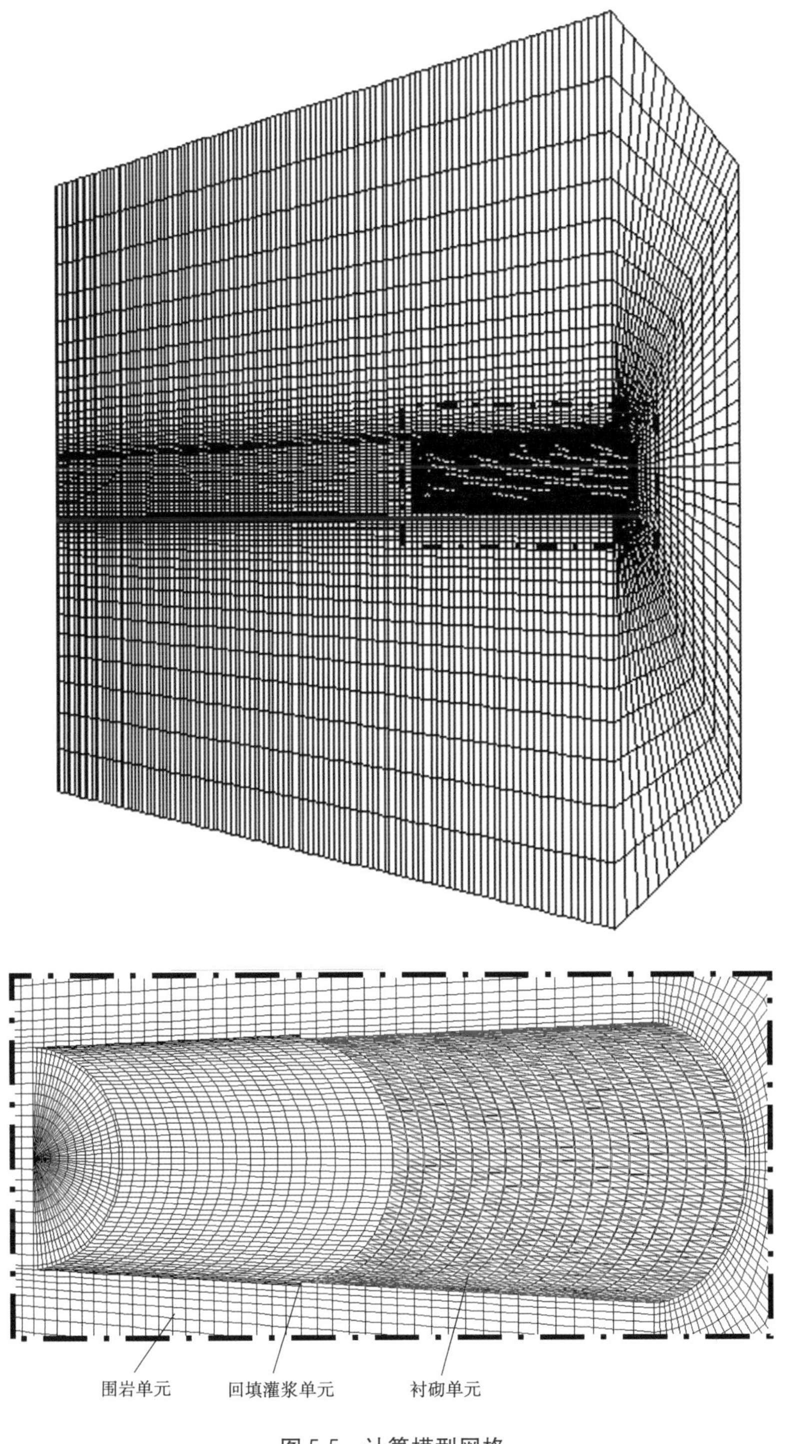

图 5-5　计算模型网格

对模型边界面处施加法向约束,并对岩体赋初始地应力,初始地应力按以下公式计算:

竖直地应力 $S_{ZZ}=\gamma H$ (5-10)

垂直洞轴向水平地应力 $S_{XX}=K_0 S_{ZZ}$ (5-11)

沿洞轴向水平地应力 $S_{YY}=K_0 S_{ZZ}$ (5-12)

式中:γ 为岩体容重;H 为隧洞埋深;K_0 为侧压力系数。

岩体应力、变形采用 Hoek-Brown 本构模型进行分析,并考虑岩体的应变软化效应。豆砾石回填灌浆层应力、变形采用 Mohr-Coulomb 本构模型进行分析。混凝土衬砌采用 FLAC3D 软件中提供的衬砌单元模拟。分步模拟 TBM 全断面开挖过程,每步开挖、衬砌长度依管片衬砌单环宽度确定,即每步长取 1.8 m。计算模型通过将开挖区域内的单元设置为空模型模拟隧洞的开挖,并根据掘进机设备特点及计算要求,在距掌子面不同距离处开始添加衬砌单元,同时改变部分空模型材料性能用以模拟豆砾石回填灌浆过程。计算过程中,通过调整衬砌的弹性模量反映管片衬砌因接缝的存在而造成的衬砌环整体刚度的降低,衬砌的弹性模量计算公式为

$$E_c=(1-\zeta)E_{cls} \tag{5-13}$$

式中:E_{cls} 为混凝土弹性模量;E_c 为衬砌弹性模量;ζ 为修正系数。

5.2.2 计算模型的验证

Geodata 公司通过二维数值模型分析了围岩的变形及衬砌结构的内力,以下通过与 Geodata 计算结果的对比,验证本次计算模型的合理性。

5.2.2.1 计算参数与工况

Geodata 公司计算采用的岩体力学参数及 Hoek-Brown 模型参数见表 5-4 和表 5-5。

表 5-4 岩体力学参数

分析	组	覆盖层厚(m)	γ (kN/m^3)	GSI	m_i	σ_{ci} (MPa)	ν	K_0
MHAK_1	Misahualli	700	27.0	25	20	50	0.25	1.0
MHAK_1.2			27.0	25	20	50	0.25	1.2

表 5-5 Hoek-Brown 参数

分析	组	E_m(MPa)	m_b	m_{br}	a	a_r	s	s_r
MHAK_1	Misahualli	2 993	1.373 2	1.065 0	0.531 3	0.550 4	0.000 24	0.000 11
MHAK_1.2								

考虑接缝对衬砌结构刚度的削弱,取 C50 混凝土衬砌的弹性模量为 24 500 MPa。

对应于 Geodata 公司的计算,本模型验证中选取的计算工况为:

分析 700 m 埋深情况下,侧压系数分别为 1.0 和 1.2 时的围岩变形。分析这两种侧压系数条件下在分别距掌子面 18 m、27 m 处回填灌浆时衬砌结构的内力。

5.2.2.2　计算结果对比

1.变形结果对比

1)Geodata 计算结果

Geodata 公司采用二维平面模型计算所得各工况盾尾围岩径向平均位移 R_a 及衬砌回填处围岩径向平均位移 R_f 见表 5-6。

表 5-6　Geodata 变形计算结果

分析	组	覆盖层厚(m)	K_0	R_a(cm)	R_f(cm)	释放率(%)
MHAK_1	Misahualli	700	1.0	10.5	10.8	98
MHAK_1.2		700	1.2	12.5	13.1	98

TBM 掘进过程中围岩变形情况见图 5-6。

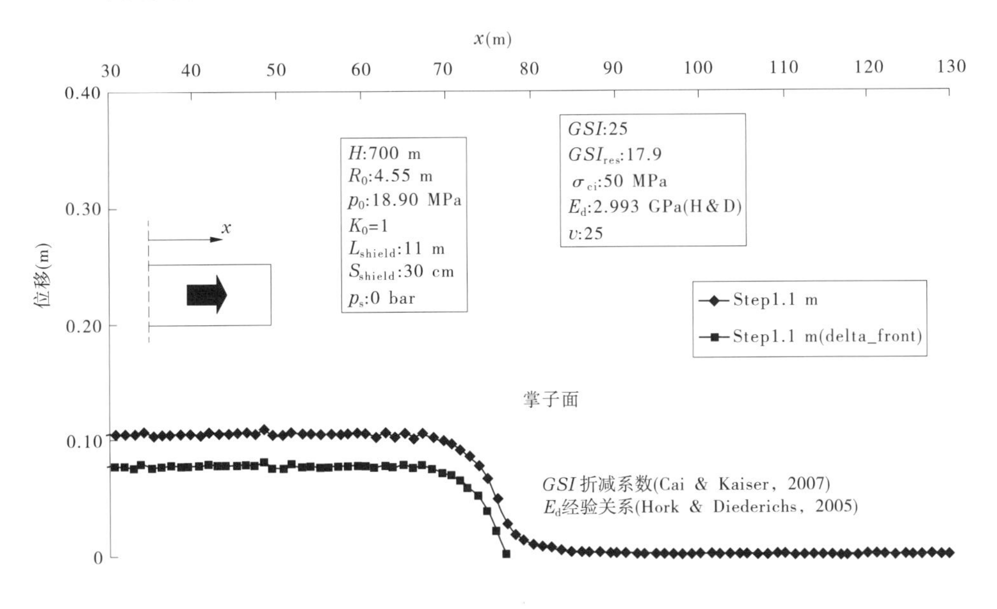

图 5-6　TBM 掘进过程中围岩变形情况(Misahualli 组,埋深 700 m,$K_0=1$)

2)本次计算结果

采用三维数值模型计算所得各工况盾尾围岩径向平均位移 R_a 及衬砌回填处围岩径向平均位移 R_f 见表 5-7 和表 5-8。

表 5-7　本次变形计算结果(一)

分析	组	覆盖层厚(m)	K_0	R_a(cm)	R_{f2}(cm)	释放率(%)
MHAK_1	Misahualli	700	1.0	9.2	9.8	91
MHAK_1.2		700	1.2	11.0	11.8	91

注:R_{f2}为距离掌子面 18 m 处洞壁径向位移。

表 5-8　本次变形计算结果(二)

分析	组	覆盖层厚(m)	K_0	ΔR_a (cm)	ΔR_{f3} (cm)	释放率(%)
MHAK_1	Misahualli	700	1.0	9.2	10.3	96
MHAK_1.2		700	1.2	11.0	12.4	96

注:R_{f3}为距离掌子面 27 m 处洞壁径向位移。

围岩平均径向位移沿洞轴向变化情况见图 5-7 和图 5-8。

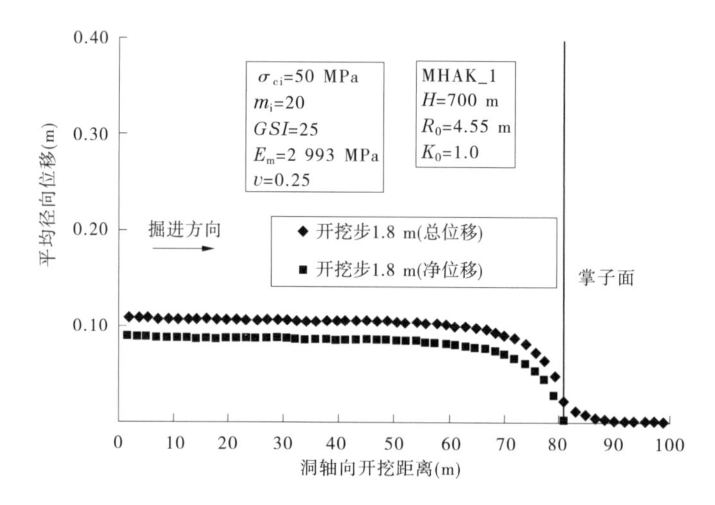

图 5-7　围岩平均径向位移沿洞轴向变化情况(MHAK_1)

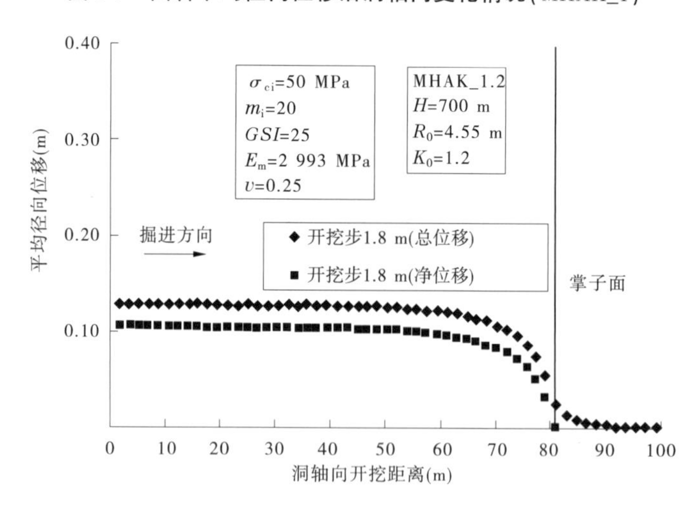

图 5-8　围岩平均径向位移沿洞轴向变化情况(MHAK_1.2)

对比计算结果可知,本次所建模型计算结果与 Geodata 计算结果相近。

2.衬砌结构内力计算结果对比

1)Geodata 计算结果

Geodata 计算所得衬砌结构内力见表 5-9。

表 5-9　管片衬砌结构内力汇总

分析	位置	弯矩 M(kN·m/m)	轴力 N(kN/m)	弯力 V(kN/m)
MHAK_1	洞顶	4.9	2 106	11.0
	洞腰	12.2	1 957	15.9
	洞底	5.0	1 654	10.9
MHAK_1.2	洞顶	8.4	2 320	12.8
	洞腰	10.2	2 192	18.1
	洞底	5.7	1 863	6.3

2) 本次计算结果

采用三维数值模型计算所得距掌子面不同位置处实施豆砾石回填灌浆后衬砌内力结果见表 5-10 和表 5-11。

表 5-10　距掌子面 18 m 处回填注浆后衬砌结构内力

分析	位置	弯矩 M(kN·m/m)	轴力 N(kN/m)	弯力 V(kN/m)
MHAK_1	洞顶	3.82	1 684.75	0.2
	洞腰	7.87	2 590.25	2.2
	洞底	6.31	1 561.20	50.0
MHAK_1.2	洞顶	8.19	2 221.80	15.79
	洞腰	3.42	2 591.30	2.32
	洞底	0.39	2 089.80	66.29

表 5-11　距掌子面 27 m 处回填注浆后衬砌结构内力

分析	位置	弯矩 M(kN·m/m)	轴力 N(kN/m)	弯力 V(kN/m)
MHAK_1	洞顶	5.02	710.58	0.5
	洞腰	5.17	1 306.65	0.2
	洞底	4.73	663.14	20.56
MHAK_1.2	洞顶	2.33	868.00	1.46
	洞腰	4.44	1 389.70	1.54
	洞底	2.44	767.59	27.0

对比 Geodada 计算结果可见,本次计算距掌子面 18 m 处实施回填灌浆后的衬砌最大内力与 Geodada 计算结果相近。

5.2.3 计算条件

5.2.3.1 计算工况

本阶段计算内容为：分析700 m埋深情况下，侧压系数分别为1.0和1.2时Ⅲ、Ⅳ类围岩变形对掘进机的影响。分析这两种侧压系数条件下作用于衬砌上的围岩压力及衬砌结构的内力。

5.2.3.2 围岩物理力学参数

地质参数的选取说明：

(1) m_i 为完整岩石的Hoek-Brown常数，对于同一种岩石，m_i 与围岩类别无关。

(2) E_m 为岩体的变形模量，与围岩类别有关，随着 *GSI* 的变化而变化。

围岩的物理力学指标见表5-12。

表5-12 计算分析采用的岩体物理力学指标

分析	组	覆盖层厚(m)	γ (kN/m³)	*GSI*	m_i	σ_{ci} (MPa)	ν	K_0
MHA_Ⅲ_K_1	Misahualli	700	27.0	45	20	100	0.23	1.0
MHA_Ⅲ_K_1.2			27.0	45	20	100	0.23	1.2
MHA_Ⅳ_K_1	Misahualli	700	27.0	25	20	100	0.25	1.0
MHA_Ⅳ_K_1.2			27.0	25	20	100	0.25	1.2

Hoek-Brown模型采用的峰前及残余强度指标见表5-13。

表5-13 计算分析采用的Hoek-Brown参数

分析	组	E_m(MPa)	m_b	m_{br}	a	a_r	s	s_r
MHA_Ⅲ_K_1	Misahualli	7 499	2.805 1	1.354 8	0.508 1	0.532 1	0.002 22	0.000 23
MHA_Ⅲ_K_1.2								
MHA_Ⅳ_K_1	Misahualli	2 371	1.373 2	1.065 0	0.531 3	0.550 4	0.000 24	0.000 11
MHA_Ⅳ_K_1.2								

5.2.3.3 衬砌结构物理力学参数

衬砌结构物理力学参数见表5-14。

表5-14 衬砌结构物理力学参数

混凝土强度等级	弹性模量 E_{cls} (MPa)	泊松比	修正系数 ζ	衬砌弹性模量 E_c (MPa)
C40	34 000	0.2	0.3	23 800
C50	35 000	0.2	0.3	24 500

在分析 MHA_Ⅲ_K_1 和 MHA_Ⅲ_K_1.2 情况时，衬砌的混凝土强度等级为 C40。在分析 MHA_Ⅳ_K_1 和 MHA_Ⅳ_K_1.2 情况时，衬砌的混凝土强度等级为 C50。

5.2.3.4 掘进机指标

根据 Herrenknecht 公司提供的掘进机结构图，与本次计算分析相关的掘进机指标见表 5-15。

表 5-15 双护盾 TBM 主要指标汇总

项目	单位	数量
开挖直径 D	m	9.11
最大开挖直径 D_{max}	m	9.31
盾尾部距刀盘面距离 L_{behind}	m	12.8
尾盾顶部与岩壁理论间距 $d_{behind,up}$	cm	11
尾盾底部与岩壁理论间距 $d_{behind,dn}$	cm	6
尾盾与岩壁理论平均间距 $d_{behind,av}$	cm	8.5
管片衬砌顶部与岩壁理论间距 $d_{liner,up}$	cm	18
管片衬砌底部与岩壁理论间距 $d_{liner,dn}$	cm	12
管片衬砌与岩壁理论平均间距 $d_{liner,av}$	cm	15
灌浆孔与洞轴线夹角	度	7(底)、12.5(侧)、15(顶)
豆砾石回填位置距刀盘面距离 L_{grout}	m	18~25

Herrenknecht 公司提供的 TBM 结构图显示，管片衬砌豆砾石回填位置距刀盘 18~25 m，对豆砾石实施灌浆将在距掌子面更远处。在对豆砾石实施灌浆前，豆砾石可在管片与围岩间移动，除非围岩变形足够大，压密了管片与围岩间的豆砾石，否则管片衬砌结构受围岩变形作用有限。为了保证衬砌结构的安全，本次按距掌子面 18 m 处衬砌与围岩相互作用评估围岩变形对衬砌结构内力的影响。

5.2.4 计算结果

5.2.4.1 围岩变形及其对掘进机的影响

隧洞开挖过程中围岩的塑性区分布情况见图 5-9~图 5-12。MHA_Ⅲ_K_1 和 MHA_Ⅲ_K_1.2 情况时，围岩最大塑性区半径分别为 5.4 m 和 5.6 m。MHA_Ⅳ_K_1 和 MHA_Ⅳ_K_1.2 情况时，围岩最大塑性区半径分别为 7.0 m 和 7.5 m。

隧洞开挖过程中围岩的变形情况见图 5-13~图 5-16。

围岩平均径向位移沿洞轴向变化情况见图 5-17~图 5-20。

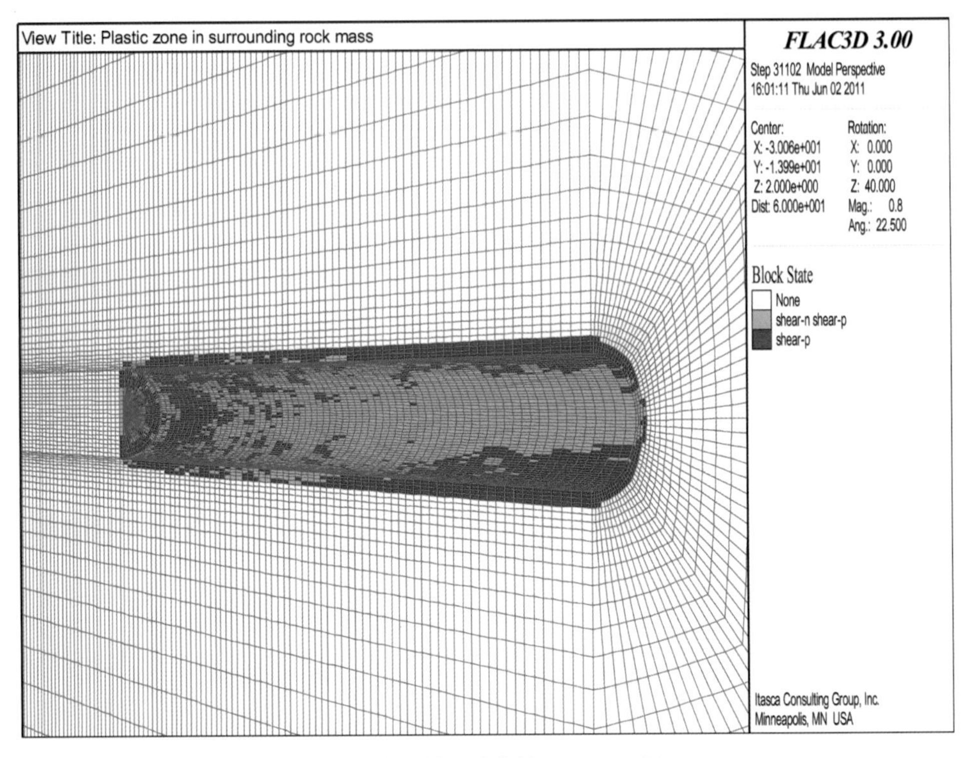

图 5-9　围岩的塑性区分布情况(MHA_Ⅲ_K_1)

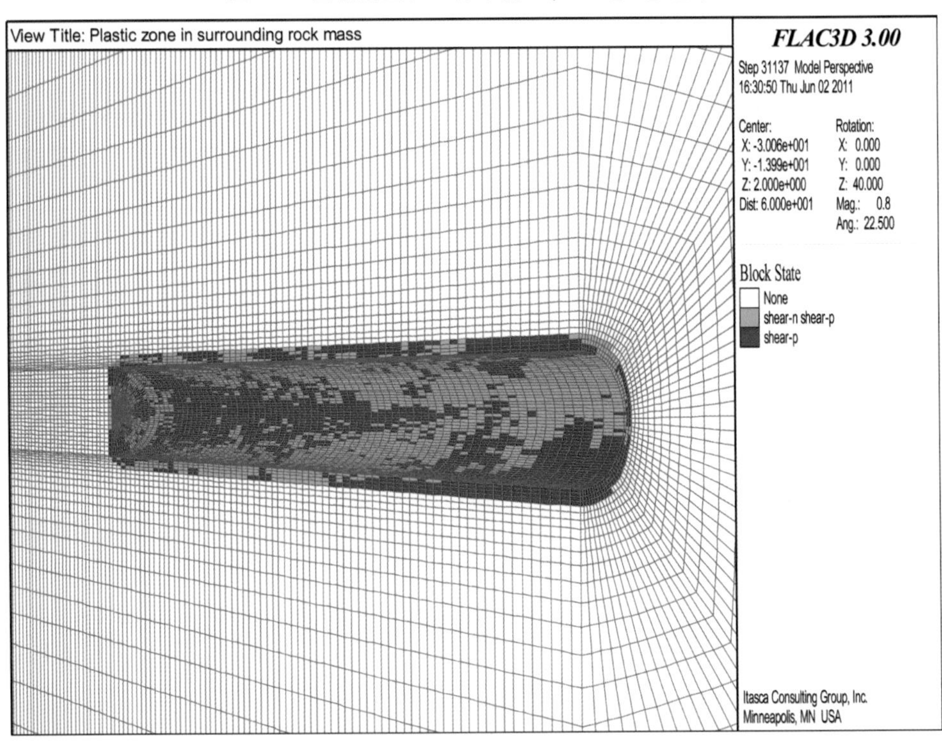

图 5-10　围岩的塑性区分布情况(MHA_Ⅲ_K_1.2)

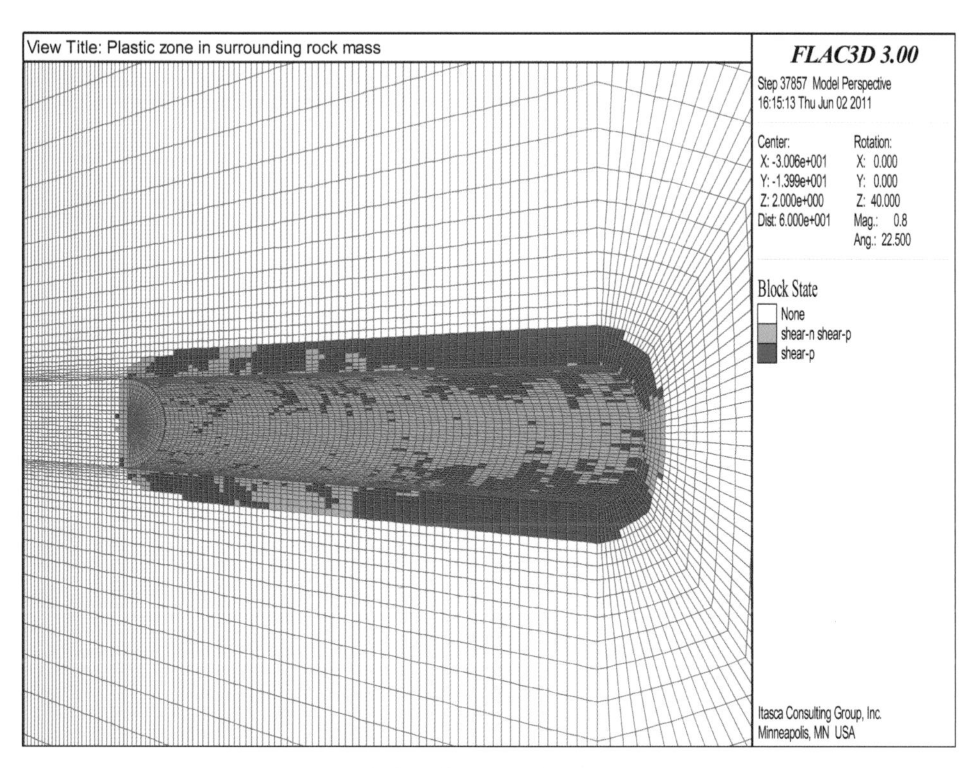

图 5-11 围岩的塑性区分布情况(MHA_Ⅳ_K_1)

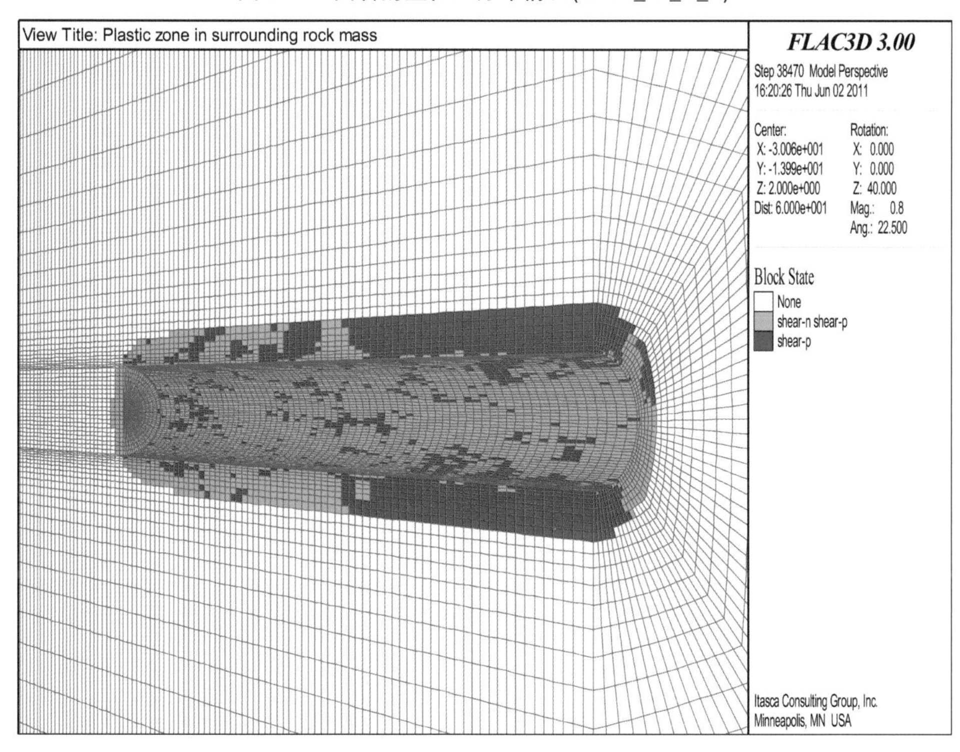

图 5-12 围岩的塑性区分布情况(MHA_Ⅳ_K_1.2)

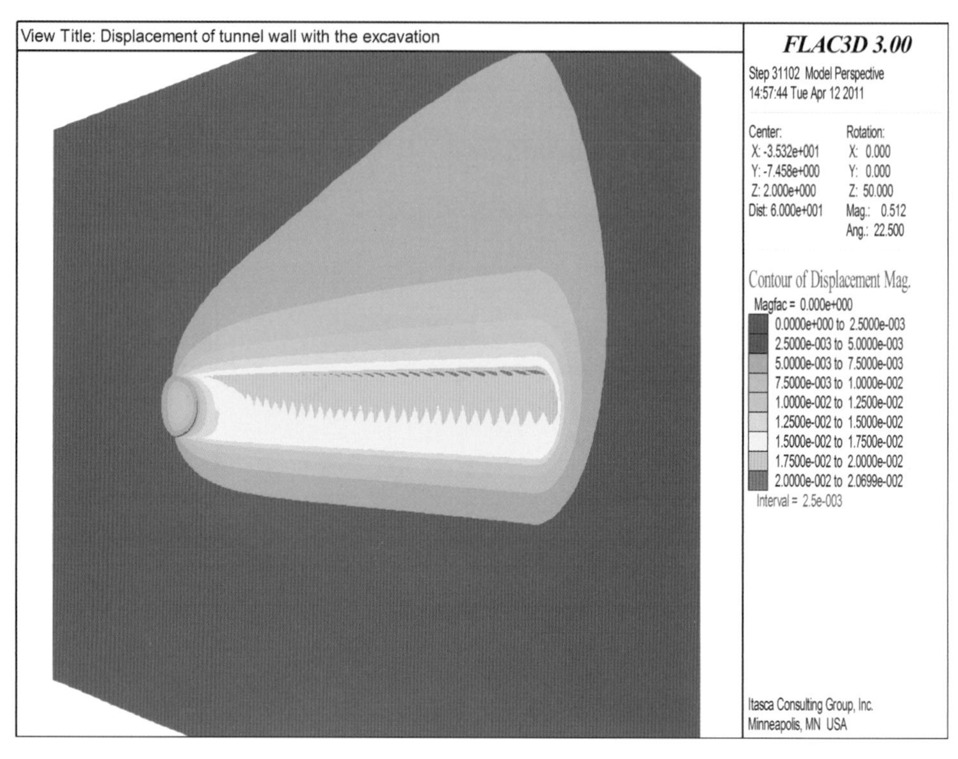

图 5-13 围岩的变形情况(MHA_Ⅲ_K_1)

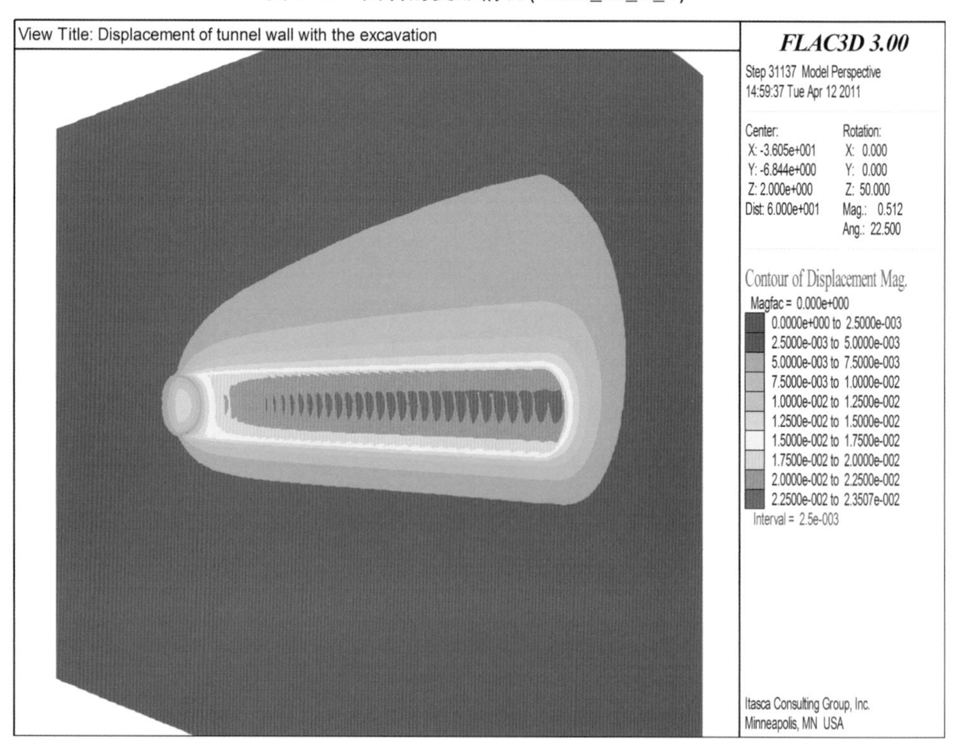

图 5-14 围岩的变形情况(MHA_Ⅲ_K_1.2)

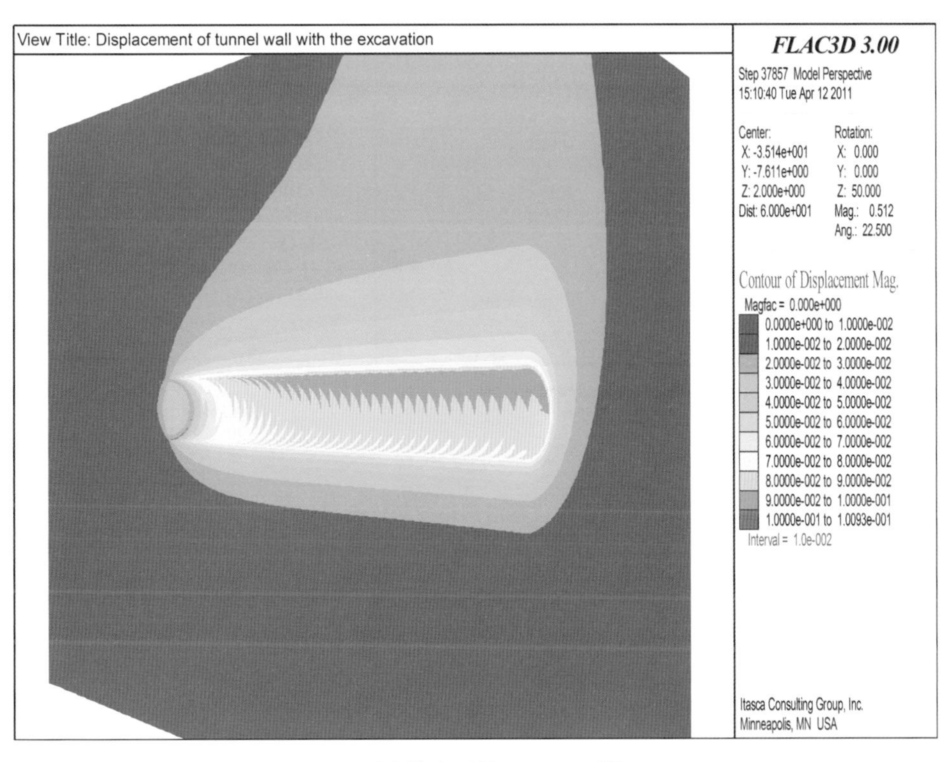

图 5-15　围岩的变形情况(MHA_Ⅳ_K_1)

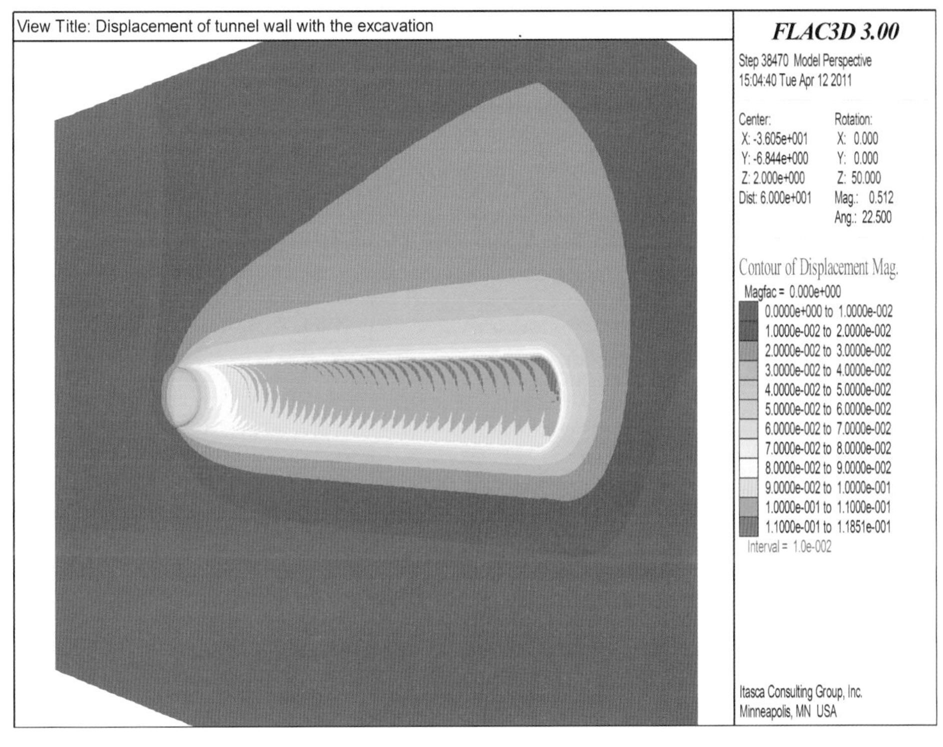

图 5-16　围岩的变形情况(MHA_Ⅳ_K_1.2)

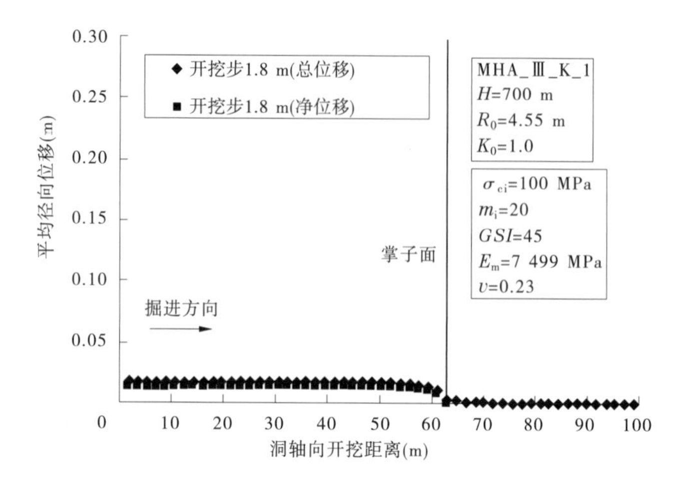

图 5-17　围岩平均径向位移沿洞轴向变化情况(MHA_Ⅲ_K_1)

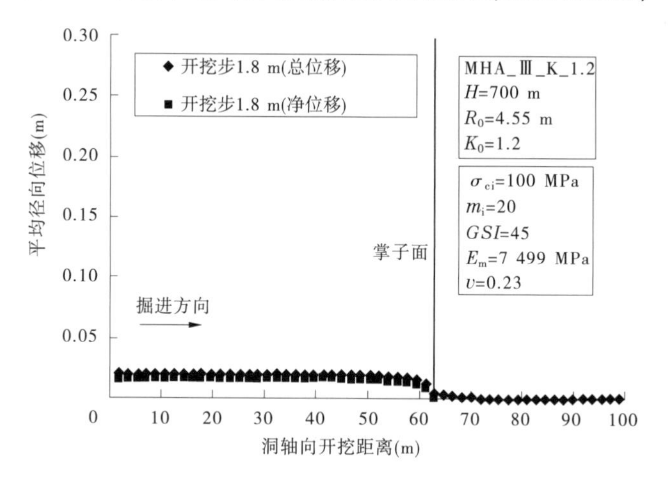

图 5-18　围岩平均径向位移沿洞轴向变化情况(MHA_Ⅲ_K_1.2)

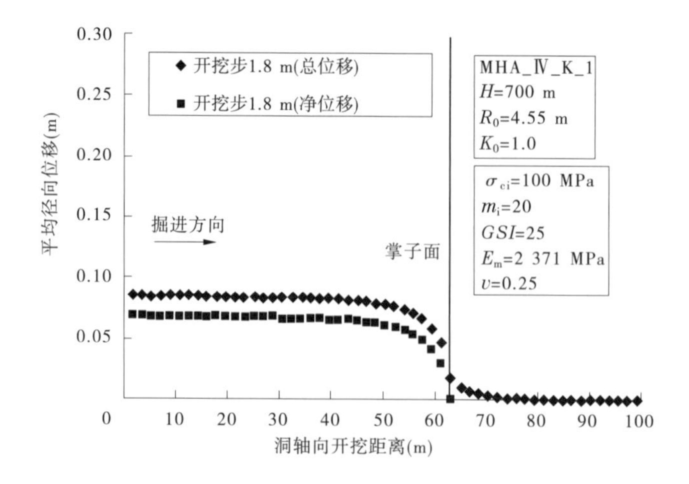

图 5-19　围岩平均径向位移沿洞轴向变化情况(MHA_Ⅳ_K_1)

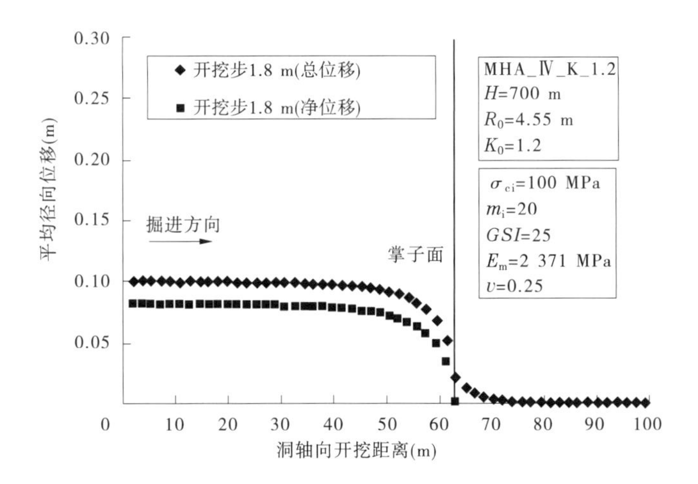

图 5-20　围岩平均径向位移沿洞轴向变化情况(MHA_Ⅳ_K_1.2)

各工况洞壁径向位移情况见表 5-16。

表 5-16　各工况洞壁径向位移

分析	MHA_Ⅲ_K_1	MHA_Ⅲ_K_1.2	MHA_Ⅳ_K_1	MHA_Ⅳ_K_1.2
组	Misahualli	Misahualli	Misahualli	Misahualli
覆盖层厚(m)	700	700	700	700
K_0	1.0	1.2	1.0	1.2
盾尾处岩壁平均径向净位移 $\Delta R_{b,av}$(cm)	1.3	1.5	6.0	7.2
距掌子面 18 m 处洞壁平均径向净位移 $\Delta R_{f,av}$(cm)	1.4	1.6	6.4	7.6
盾尾处岩壁平均径向位移 $R_{b,av}$(cm)	1.7	1.9	7.7	9.1
距掌子面 18 m 处洞壁平均径向位移 $R_{f,av}$(cm)	1.7	2.0	8.1	9.5
距掌子面 18 m 处洞壁平均径向变形率(%)	97	97	95	95

注:表中 Δ 表示扣除掌子面处位移后的隧洞岩壁净位移。

MHA_Ⅲ_K_1 与 MHA_Ⅲ_K_1.2 工况时的计算结果显示:两种工况盾尾处的围岩平均径向净位移分别为 1.3 cm 和 1.5 cm,小于尾盾与岩壁理论平均间距(8.5 cm);在对管片进行豆砾石回填处,两种工况围岩平均径向净位移分别为 1.4 cm 和 1.6 cm。

MHA_Ⅳ_K_1 与 MHA_Ⅳ_K_1.2 工况时的计算结果显示:两种工况盾尾处的围岩平均径向净位移分别为 6.0 cm 和 7.2 cm,小于尾盾与岩壁理论平均间距(8.5 cm);在对管片进行豆砾石回填处,两种工况围岩平均径向净位移分别为 6.4 cm 和 7.6 cm。

5.2.4.2 衬砌结构内力

根据前面的分析,本次取距掌子面 18 m 处回填后的衬砌环作为内力分析对象,计算结果列于表 5-17。

表 5-17 衬砌结构内力

分析	位置	M(kN·m/m)	N(kN/m)	V(kN/m)
MHA_Ⅲ_K_1	洞顶	0.8	428.3	0.2
	洞腰	1.6	767.2	0.7
	洞底	1.2	379.6	10.6
MHA_Ⅲ_K_1.2	洞顶	0.8	610.9	1.4
	洞腰	0.6	723.4	0.8
	洞底	0.4	575.5	17.5
MHA_Ⅳ_K_1	洞顶	3.3	1 320.0	10.0
	洞腰	6.9	2 072.2	0.2
	洞底	4.3	1 281.4	44.2
MHA_Ⅳ_K_1.2	洞顶	10.2	1 874.9	24.0
	洞腰	2.1	2 015.4	0.7
	洞底	2.0	1 726.9	56.4

5.2.4.3 衬砌与围岩相互作用力

衬砌与围岩的相互作用力见表 5-18。

表 5-18 衬砌与围岩的相互作用力

分析	MHA_Ⅲ_K_1	MHA_Ⅲ_K_1.2	MHA_Ⅳ_K_1	MHA_Ⅳ_K_1.2
组	Misahualli	Misahualli	Misahualli	Misahualli
覆盖层厚(m)	700	700	700	700
K_0	1.0	1.2	1.0	1.2
平均相互作用力(MPa)	0.129	0.149	0.378	0.436

5.3 TBM 管片衬砌结构设计

5.3.1 TBM 管片衬砌形式

5.3.1.1 国内外已建输水隧洞管片衬砌的工程实例

通过查阅国内外文献,国内外采用管片衬砌的工程实例较多,管片的形式也不尽相同，国内外已建输水隧洞管片衬砌的主要指标详见表 5-19。

表 5-19　国内外已建输水隧洞管片衬砌的主要指标

名称	输水方式/水头	内径(m)	管片形式	混凝土等级	厚度(m)	宽度(m)	开挖洞径(m)	说明
引大入秦调水工程 30A 隧洞	无压	4.8	六边形管片每环 4 块	C25	0.30	1.6	5.53	1995 年建成
万家寨引黄工程总干线 6#~8#隧洞	无压	5.46	六边形管片每环 4 块	C30	0.25	1.6	4.29	2003 年 10 月建成
万家寨引黄工程南干线 4#~6#隧洞	无压	4.2 4.3	六边形管片每环 4 块	C55	0.22	1.4	4.74 4.64	2003 年 10 月建成
万家寨引黄工程南干线 7#隧洞	无压	4.2	六边形管片每环 4 块	C55	0.25	1.4	5.32	2003 年 10 月建成
万家寨引黄工程连接段 7#隧洞	无压	4.14	六边形管片每环 4 块	C45	0.25	1.2	5.39	2003 年 10 月建成
掌鸠河供水工程	有压/25 m	3.0	四边形管片每环 5 块	C45	0.25	1.0	3.665	2007 年 3 月建成
希腊调水二期工程	有压/70 m	3.5	六边形管片每环 4 块	C50	0.20	1.5	4.04	1995 年建成
莱索托高原调水工程(Mohale 连通洞)	有压/70 m	4.2	无螺栓、无止水的六边形管片，每环 4 块	C40	0.25	1.4	4.88	2004 年 3 月建成

5.3.1.2　管片形式选择

输水隧洞管片的形状主要有平行四边形、矩形四边形、六边形三种，采用平行四边形管片的工程有老挝 Theun Hinboun Expansion 项目等，采用矩形四边形管片的工程有掌鸠河供水工程等，采用六边形管片的工程有引大入秦调水工程、万家寨引黄工程、引洮供水一期工程、引大济湟工程等。形状的不同，使得管片在构造、受力形式等方面存在一定的差异。

(1)平行四边形、矩形四边形管片外形相对简单，止水安装较易满足密封要求。矩形四边形管片间纵向接缝是一个管片与一个管片相接，采取适当措施即可保证其相对均匀受力。六边形管片相互交错咬合(见图 5-21)，环向传力方式是一个管片向相接的两个管片传力，由于制造及安装上存在一定误差，即使采取措施也难以保证相邻两管片同时均匀受力，管片上易产生较大的集中应力。

(2)相比六边形管片,“左右环通用”的矩形四边形管片可在环宽方向设计一定的楔形量(见图5-22),通过调整各管片的相对位置,方便地在隧洞掘进过程中转弯和纠偏。

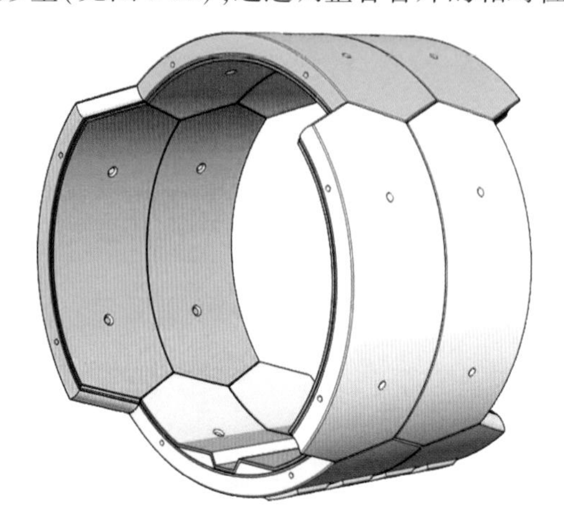

图5-21　六边形管片衬砌环

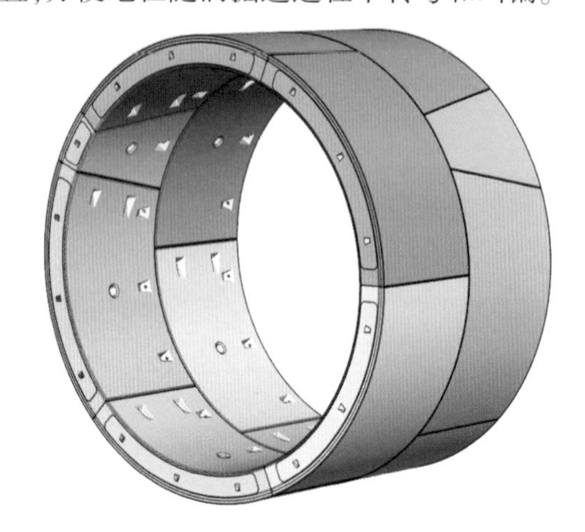

图5-22　“左右环通用”的矩形四边形管片衬砌环

(3)平行四边形管片(见图5-23)与六边形管片的位置相对固定,避免通缝发生,可在底管片布置施工轨道平台、垫座,方便施工期运输轨道布置、施工期排水、底部水泥砂浆回填等;尽管位置固定,但没有产生通缝;可通过异型管片或布置垫片实现转弯或纠偏。

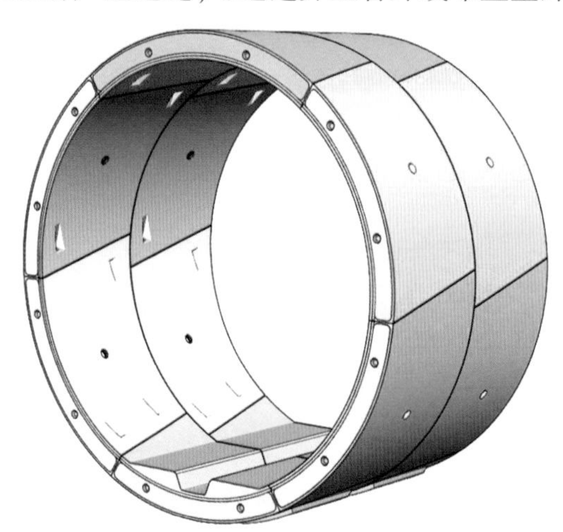

图5-23　平行四边形管片衬砌环

鉴于“左右环通用”的矩形四边形管片应用较成熟,且可在环宽方向设计一定的楔形量,通过调整各管片的相对位置,方便地在隧洞掘进过程中转弯和纠偏。本工程管片形状采用“左右环通用”的矩形四边形管片。

5.3.2　TBM 管片细部设计

输水隧洞设计采用2台双护盾 TBM 同时掘进,双护盾 TBM 掘进机与管片衬砌结构设计相关的机械技术规范特征参数如表5-20所示。

表 5-20　双护盾 TBM 掘进机与管片衬砌结构设计相关的机械技术规范特征参数

项目	TBM
开挖直径	9.11 m（管片衬砌内径 8.20 m，厚度 0.30 m）
护盾长度	11～12 m
环向空隙	0.155 m
最大扭矩	19 179 kN·m
顶推力	50 000 kN
撑靴数量	19
撑靴尺寸	250 mm×1 100 mm

管片采用左右配置的通用管片，如图 5-24 所示，其厚度为 30 cm、内径为 8.2 m。两种通用类型的管片环包含 6 块管片和 1 块楔形管片（右型管片环的管片按顺序编号 AR、BR、CR、DR、ER、FR 和 GR；左型管片环的管片按顺序编号 FL、EL、DL、CL、BL、AL 和 GL）。

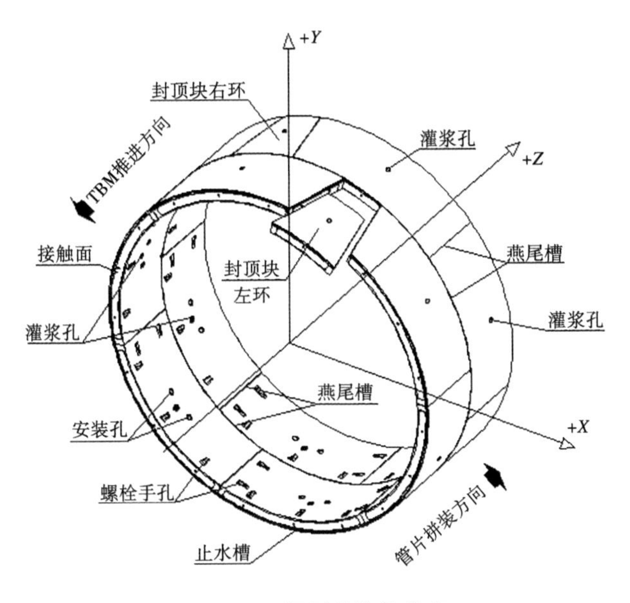

图 5-24　通用管片的轮廓

表 5-21 列出了管片衬砌设计的主要特征参数。

5.3.2.1　管片拼装设计

CCS 输水隧洞 TBM 管片环采用通用型管片，分成“左环”和“右环”两种，如图 5-25、图 5-26 所示。

表 5-21　管片衬砌设计的主要特征参数

项目	值
最小平面半径(m)	500
管片衬砌厚度（mm)	300
内直径(m)	8.20
外直径(m)	8.80
中心直径(m)	8.50
最小长度(mm)	1 780
平均长度(mm)	1 800
最大长度(mm)	1 820
最大管片的体积(m^3)	2.30
最大管片的重量(kN)	57.45
管片环体积(m^3)	14.42
管片环重量(kN)	360.50
每个管片环的管片数量	6+1(key)
螺栓数量	19

通用性管片主要优点如下：

(1)隧洞一般由若干平、竖曲线组成，通过管片不同的旋转角度实现对平、竖曲线的拟合，可最大限度地减小曲线拟合误差的积累。

(2)管片衬砌拼装机通过计算机软件辅助管片拼装，可实现管片拼装的自动化，同时缩短了管片拼装时间，提高了管片拼装速度及拼装功率。

(3)由于只采用一种楔形管片环拟合线路，不需要额外设计直线环或专用的转弯环，不仅减少了管片的种类和钢模数量，而且减少了管片运输时的识别难度。

(4)由于只有一种类型的管片衬砌环，所以管片生产时便于管理。

本工程管片环可以根据需要以 18.948°倍数的多个角度进行旋转，以满足转弯和纠偏需要。

5.3.2.2　封顶块设计

管片拼装时封顶块通常排在最后，封顶块设计的优劣直接关系到管片拼装的精度和质量，因此封顶块又称为“关键块”。考虑到 CCS 输水隧洞有较大的洞径，以及运输和拼装便利等因素，采用较小的封顶块，中心角约为标准块或邻接块的 1/3。另外，管片拼装时封顶块一般位于拱腰以上，因为封顶块若位于拱腰以下部位，两侧管片拼装后，由于自重会挤向最后拼装的封顶块预留空间，如此拼装封顶块时需要增大千斤顶的推力，容易对管片造成挤压破坏。CCS输水隧洞直线段上的管片拼装为避免通缝，将封顶块布置

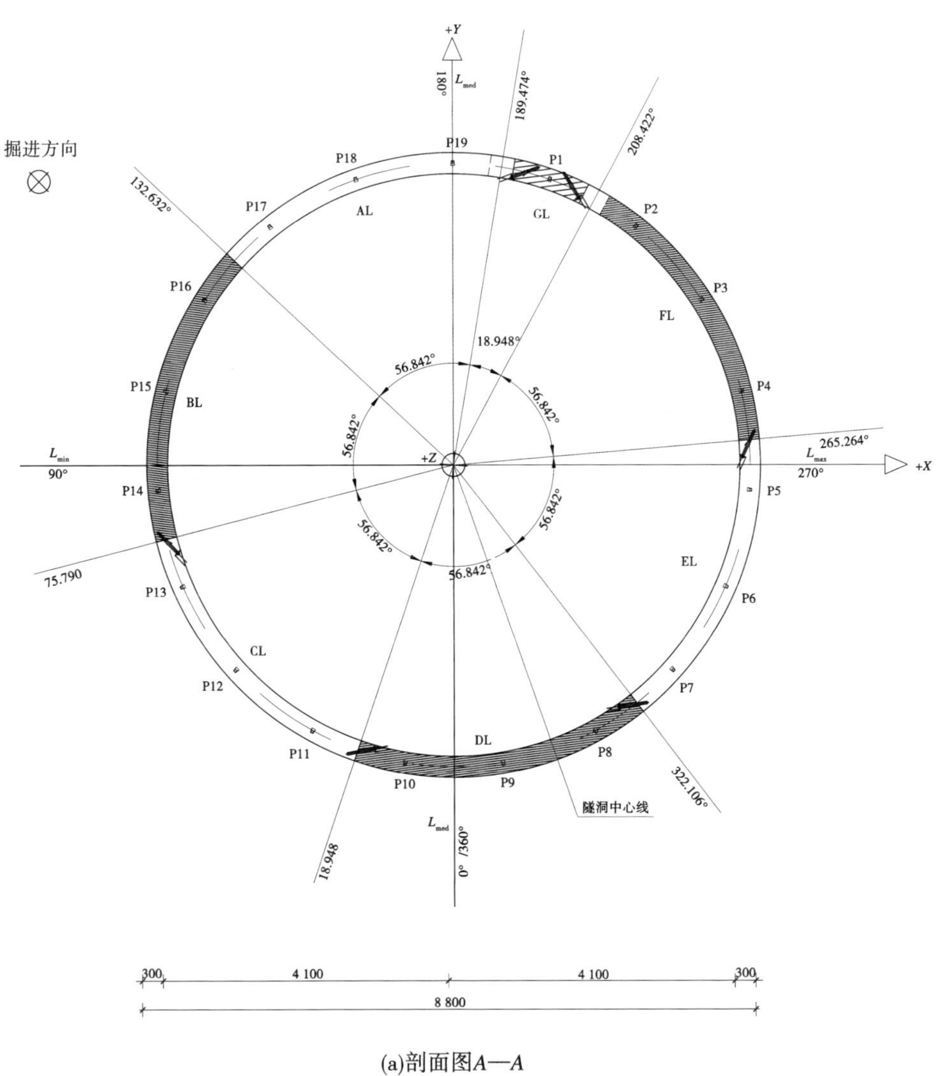

(a)剖面图A—A

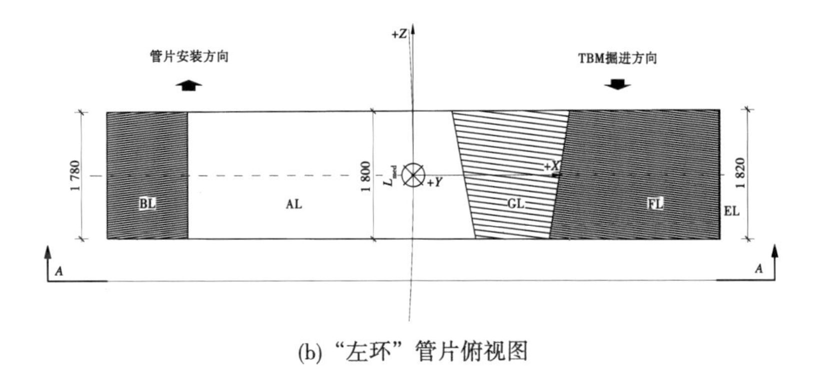

(b) “左环” 管片俯视图

图 5-25　“左环”管片示意图　（单位:mm）

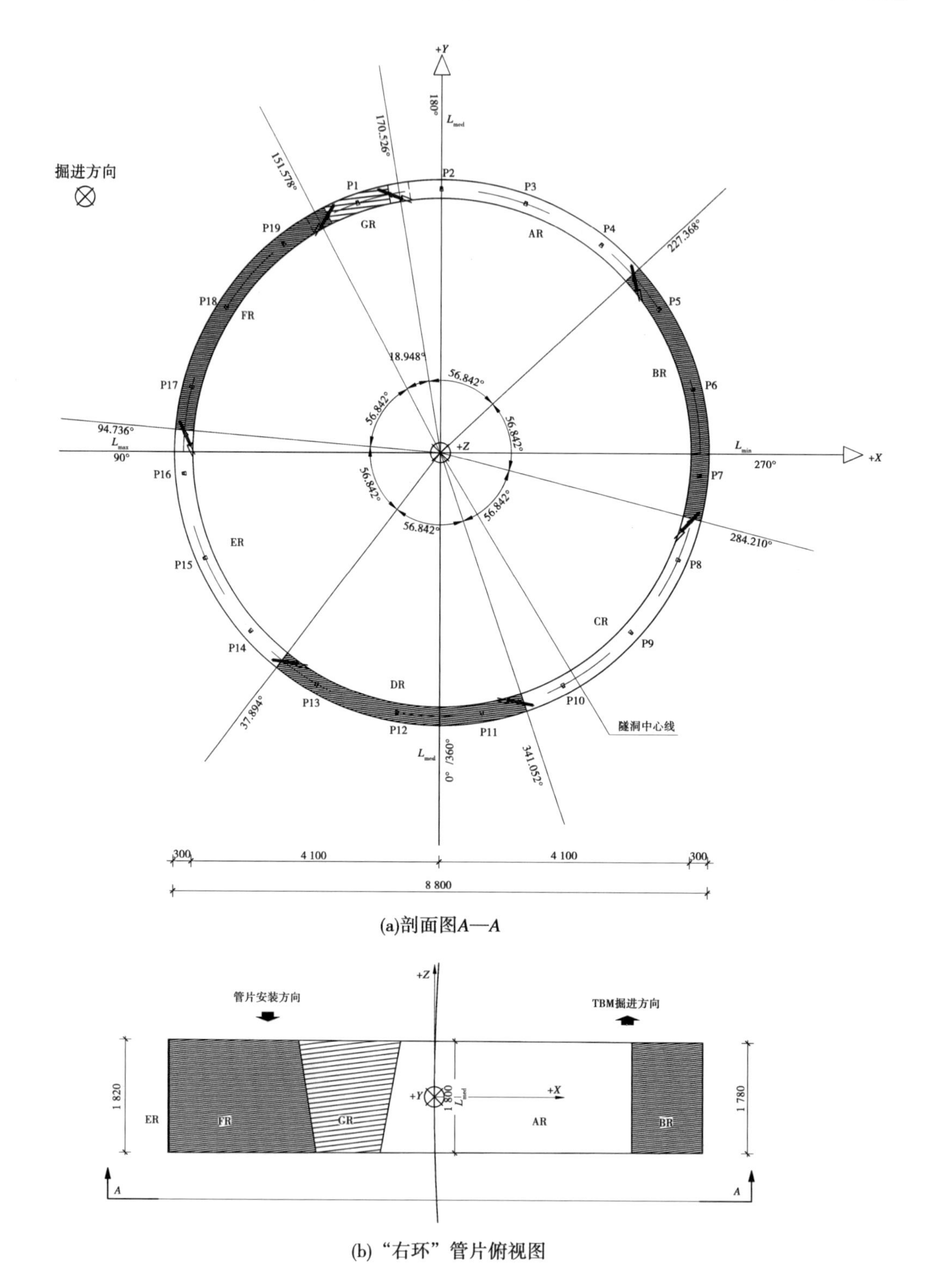

图 5-26 "右环"管片示意图 （单位:mm）

在与隧洞顶部比较接近的位置。为防止位于隧洞顶部的封顶块因自重而滑落,拼接面上获得较好的受力条件,封顶块与邻接块的接触面不同于标准块间的接触面,是与径向面成12°角的非径向平面,如图 5-27 所示。封顶块的非径向分割,使得封顶块本身就是个楔形体,避免了滑落的同时方便了拼装。

5.3.2.3　止水系统设计

对于引水工程,需要在管片上埋置一种名为多孔型弹性橡胶密封垫的止水条,如图 5-28所示。该止水条上的孔洞能减小管片拼装后止水上的压缩应力,增加管片接缝张开量,并不易因长久压缩而造成止水材料的松弛和永久变形,当工程施工中管片之间产生一定的间隙和偏移时,也能有效地确保其密封止水作用。

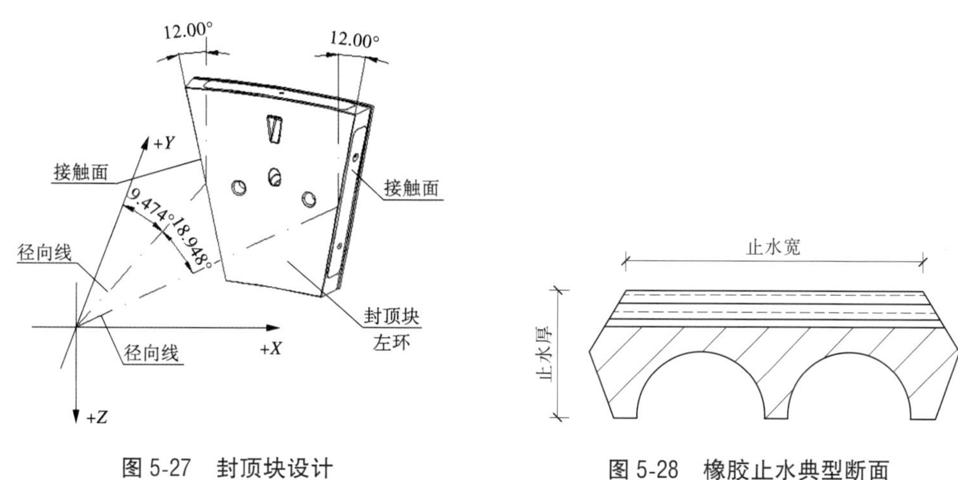

图 5-27　封顶块设计

图 5-28　橡胶止水典型断面

CCS 项目输水隧洞为无压隧洞,为防止外水内渗,在管片外侧(靠近围岩侧)设置止水槽,管片拼装前在止水槽中刷 1 mm 厚的胶,并在其上固定橡胶止水条,拼装时通过管片间的作用力使止水条紧密接触并相互挤压,以达到预期的止水目的。同时在管片内侧连接缝处设置燕尾槽,在管片拼装完成并回填灌浆后,向燕尾槽中填充无收缩水泥砂浆,在不影响隧洞过水糙率的情况下,增加了管片内侧的密封性,如图 5-29 所示。

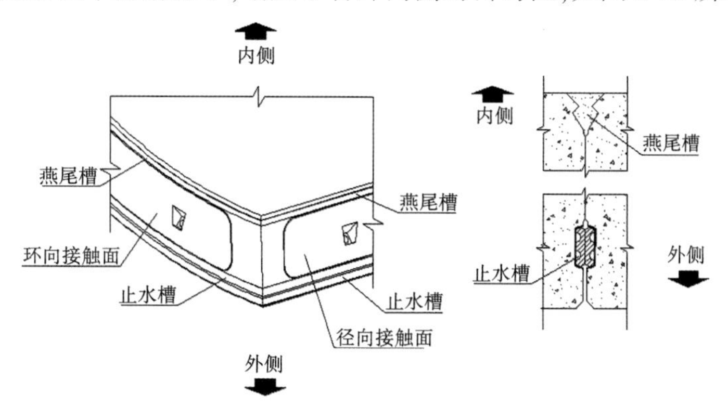

图 5-29　管片的止水系统

5.3.2.4 灌浆孔设计

管片与围岩间隙垫层是管片衬砌设计的重要组成部分,起着保证管片安装结构稳定、均匀分配荷载和辅助止水的作用。施工中通过开设在管片上的灌浆孔对管片与隧洞壁之间的孔隙进行灌浆(主要为豆砾石浆液)。一般情况下,开设在管片上的灌浆孔轴线均为垂直于隧洞轴线开设,灌浆过程中隧洞壁对豆砾石浆液流动有较大阻碍,使得管片与隧洞壁之间的孔隙不能完全被充填,影响灌浆的密实性,不利于工程安全。

CCS 项目输水隧洞管片衬砌每环设置 7 个灌浆孔,均布在每块管片的中心,率先将灌浆孔自管片外侧弧面向管片内侧弧面朝着掘进方向倾斜开设,灌浆孔的轴线与隧洞轴线的夹角为 70°,灌浆时减小了隧洞壁阻碍豆砾石流动的影响,豆砾石浆液能密实地充填管片与隧洞壁间的间隙,保障了工程的安全,如图 5-30所示。

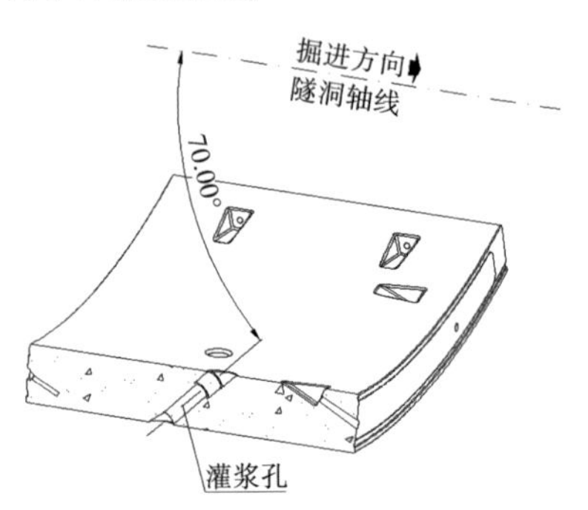

图 5-30 灌浆孔

5.3.2.5 螺栓手孔

隧洞中的管片衬砌一般通过螺栓进行环向和径向的连接,为安装螺栓而在管片上预留的槽孔称为螺栓手孔。螺栓手孔过大对管片整体刚度有影响,在安装螺栓时易造成管片混凝土的开裂;螺栓手孔过小则不利于螺栓的安装,影响管片的拼装速度。因此,螺栓手孔设计的优劣与管片质量和管片的施工进度有着密切的关系。

考虑多变的地质情况和工期的要求,CCS 项目输水隧洞管片采用直螺栓连接。与采用弯螺栓相比少了近一半的螺栓手孔,不仅方便了螺栓的安装,而且减少了在管片上预留槽孔对管片整体质量的影响。经反复计算和试验确定,CCS 项目输水隧洞管片螺栓手孔的具体设计如下:垫座内侧宽 80 mm,两侧以 104.20°角外扩,最大深度 105 mm,并以此断面为基础沿与缝线呈 64.00°角的直线方向延伸至管片外,此外螺栓手孔的棱线均有 10 mm 的倒圆角,以方便螺栓手孔预制后的脱模和减少运输过程中对其的破坏,如图 5-31 所示。

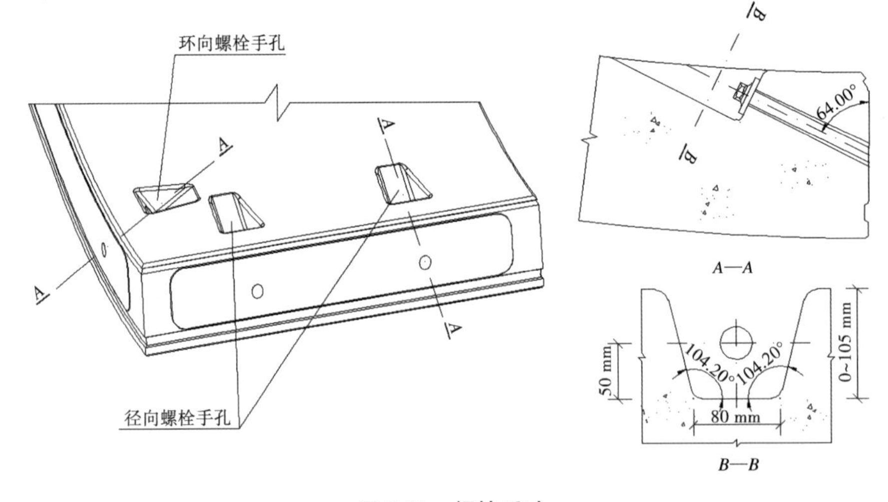

图 5-31 螺栓手孔

5.3.2.6　接触面结构设计

管片接触面一般指管片环、纵缝接触面。CCS 项目输水隧洞采用双护盾 TBM 掘进，TBM 通过已完成的管片衬砌的支撑作用进行推进，掘进方向上的环缝承受着巨大的压应力，因此设计规范中明确要求环缝应设置缓冲衬垫，纵缝宜设置缓冲垫片来满足结构受力和施工工艺的要求。

CCS 项目输水隧洞管片环、纵缝接缝处均设置 2 mm 高的垫片，通过施工现场检验，满足了受力和施工工艺的要求，如图 5-32 所示。

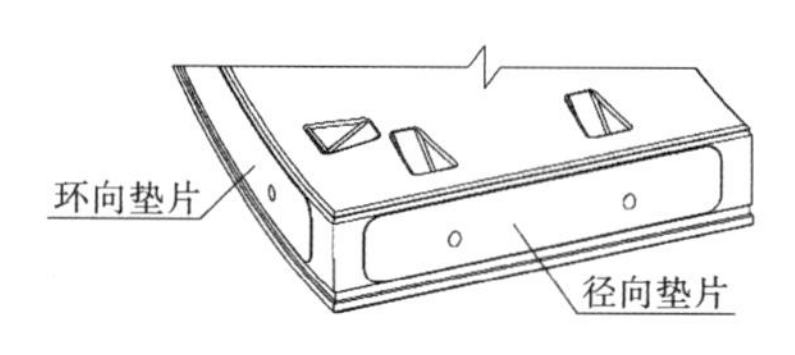

图 5-32　接触面垫片

5.3.2.7　管片连接设计

管片的接头分为将管片沿圆周方向连接起来的管片接头和沿隧道轴向连接起来的管片环接头，即纵缝接头与环缝接头。接头结构常采用螺栓接头、铰接头、销插入型接头、楔形接头、榫接头等多种类型。上述类型的接头中，螺栓接头结构最为常用，目前国内外隧道工程常用的螺栓连接主要有 3 种：斜螺栓、直螺栓、弯螺栓，本工程采用斜螺栓，如图 5-33、图 5-34 所示。

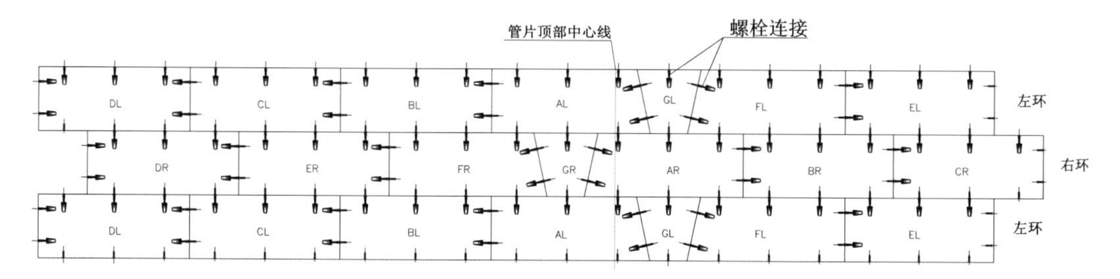

图 5-33　CCS 管片环向和纵向螺栓连接示意图

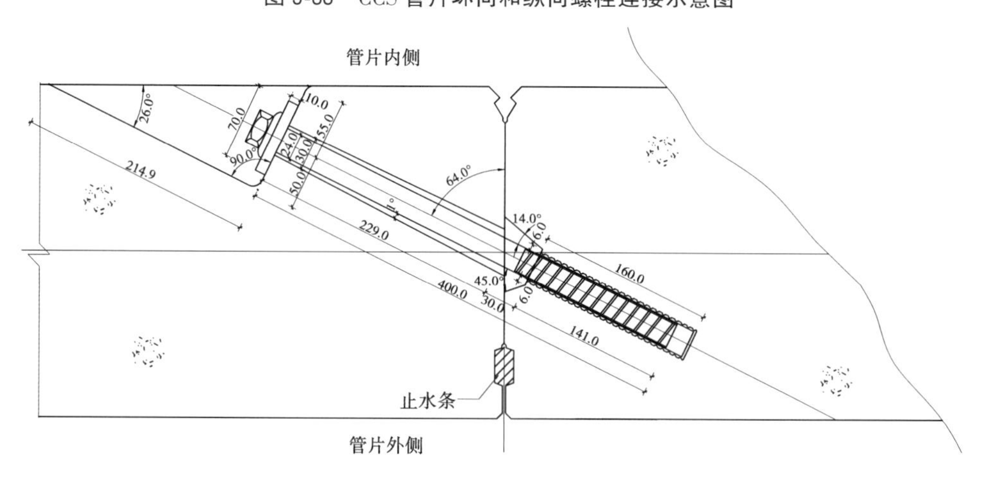

图 5-34　螺栓连接示意图　（单位：mm）

采用斜螺栓的主要特点如下：

（1）斜螺栓手孔面积最小，对管片损伤最小，对管片的受力有益；

（2）螺栓的受拉剪作用，受力性能最好，抗弯能力最强；

（3）施工便捷，螺母预埋管片中，直接插入螺杆，施工最为方便；

(4)螺栓长度较短,用钢量较省。

现场管片成品如图 5-35、图 5-36 所示。

图 5-35　现场管片成品(一)

图 5-36　现场管片成品(二)

5.3.3　衬砌结构计算

CCS 水电站 EPC 合同要求使用美国标准体系进行工程设计,因美国规范、欧洲规范、中国规范的理念不完全相同,为保证输水隧洞的工程安全和经济合理,在 TBM 管片衬砌结构设计过程中,分别采用上述三种标准体系进行研究。

5.3.3.1　基于美国规范的结构计算

参照类似工程经验,CCS 输水隧洞 TBM 管片衬砌厚度采用 0.3 m,为降低工程投资,可将输水隧洞 TBM 管片根据地质条件分为 A、B、C、D 四种类型,但该分类方案管片种类较多,并不利于 TBM 掘进施工时管片的运输和效率发挥,通过与各参建单位共同研究后决定,在施工过程中将 A、B 型管片合并,即Ⅱ、Ⅲ类围岩均采用 B 型管片,Ⅳ、Ⅴ类围岩采用 D 型管片。因 B 型管片约占全部管片的 76%,用量最大,对工程安全、投资影响最大,故本次选择 B 型管片进行对比分析。

1.计算理论及方法

衬砌计算采用修正惯用法,采用大型通用有限元程序 ANSYS 进行管片衬砌的内力计算。

修正惯用法是国际隧道协会(ITA)推荐的常用的计算方法。模型中假定结构为弹性匀质体,忽略接头的影响;忽略管片的手孔、肋等的荷载作用特征,认为有效断面为全宽度和全厚度。荷载包括主要荷载(竖向与水平土压力、水压力、自重)、次要荷载(内部荷载、施工期荷载和地震效应)和特殊荷载(相邻隧道的影响、地基沉陷的影响和其他荷载)。为充分反映地层与结构之间的相互作用,地层约束以弹性链杆模拟(只能传递法向的压力,不能传递法向的拉力和切向的剪力),其刚度根据地基弹性抗力系数及衬砌单元包含的地基面积确定。

已建工程的试验结果和计算结果的对比研究表明,接缝的存在将造成衬砌环整体刚度的降低,衬砌环是具有刚度 ηEI(弯曲刚度有效系数 $\eta<1$)的匀质环。即使采用错缝拼装的衬砌环,其变形仍然大于完全刚度 EI 的匀质环,而且通过相邻环间的纵向螺栓或环缝面上的凹凸榫槽的剪切阻力,纵缝上的部分弯矩将传递到相邻环的管片截面上,见

图 5-37。

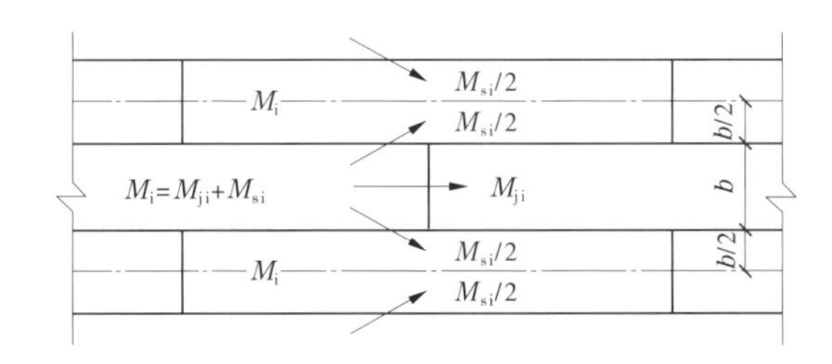

图 5-37　错缝拼装弯矩分配示意图

衬砌环在接头处的内力如下：

接头处内力：

$$M_{ji} = (1 - \xi)M_i \quad N_{ji} = N_i \tag{5-14}$$

相邻管片内力：

$$M_{si} = (1 + \xi)M_i \quad N_{si} = N_i \tag{5-15}$$

式中：ξ 为弯矩调整系数；M_i、N_i 分别为匀质圆环模型的计算弯矩和轴力；M_{ji}、N_{ji} 分别为调整后的接头弯矩和轴力；M_{si}、N_{si} 分别为调整后的相邻管片本体的弯矩和轴力。

根据错缝拼装的管片的荷载试验结果，$\eta=0.6\sim0.8$，$\xi=0.3\sim0.5$。

本次计算中，$\eta=0.7$，$\xi=0.3$。

2.荷载及荷载组合

(1)自重混凝土重度按 25 kN/m^{3}计。

(2)围岩压力根据 *Engineering and Design Tunnels and Shafts in Rock*(EM1110-2-2901)中表 7-2 关于垂直围岩压力的规定：

当 75<*RQD*(岩石质量指标)≤90 时，垂直围岩压力高度为(0~0.4)*B*，实际取 0.4*B*，其中 *B* 为隧道跨度。

当 50<*RQD*(岩石质量指标)≤75 时，垂直围岩压力高度为(0.4~1.0)*B*，实际取 0.8*B*。

当 25<*RQD*(岩石质量指标)≤50 时，垂直围岩压力高度为(1.0~1.6)*B*，实际取 1.6*B*。

当 *RQD*(岩石质量指标)≤25 时，垂直围岩压力高度为(1.6~2.2)*B*，实际取 1.9*B*。Ⅱ~Ⅳ类围岩侧压力系数取 1.15，挤压破碎带侧压力系数取 1.3。围岩压力示意图如图 5-38 所示。

(3)外水压力。根据 *Engineering and Design Tunnels and Shafts in Rock*(EM1110-2-2901)中 9-1 节第 h 条的规定，在有效排水情况下，外水取水头的 25%与 3 倍洞径的小者，即在完建期、无压运行期按 27.3 m 考虑，有压运行期按没有外水考虑。在地下水位较为活跃的区域需研究有效排水措施。

(4)内水压力。按径向静水压力和相应工况对应的水位进行计算，正常运行期为 6. 13 m，有压运行时最大内水为 30.0 m。

(5)轨道荷载 TBM 后配套高架荷载包括自重、后配套轮压、运输车轮压、运输车刹车力等，作用在管片上的荷载 220 kN，运输轨道支架作用在管片上的荷载为 75 kN，受力简图见图 5-39。

(6)地震作用。场地为多发地震区，地震活动性较强，设计基本地震动加速度为 0. 3*g*；隧洞衬砌横截面上由地震波传播引起的内力可按下列各式计算：

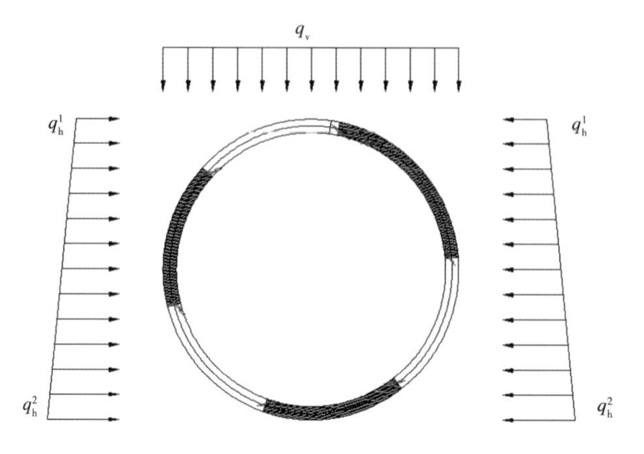

图 5-38 围岩压力示意图

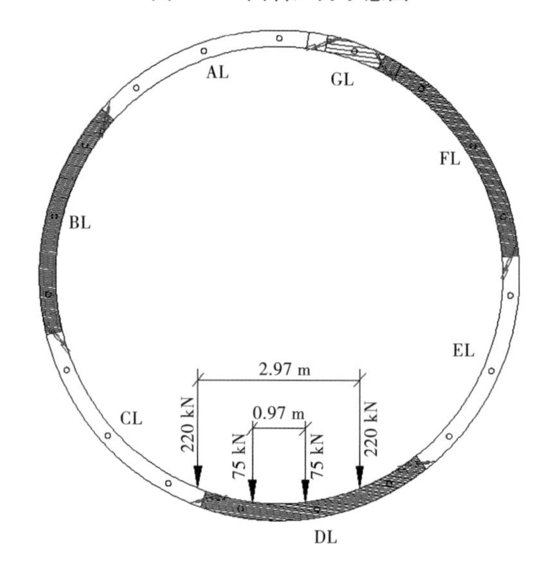

图 5-39 轨道荷载示意图

$$N_e = \frac{a_h T_g E_e A}{2\pi v_p} \tag{5-16}$$

$$M_e = \frac{a_h r_0 E_e A}{v_s^2} \tag{5-17}$$

$$Q_e = \frac{a_h T_g G_e A}{2\pi v_s} \tag{5-18}$$

式中：N_e 为衬砌管片的轴力；M_e 为衬砌管片的弯矩；Q_e 为衬砌管片的剪力；E_e 为衬砌管片动态弹性模量；G_e 为衬砌管片动剪变模量；a_h 为水平向地震加速度，0.3g；T_g 为场地的特征周期，0.2 s；v_p 为围岩的压缩波波速；v_s 为围岩的剪切波波速；r_0 为隧洞截面等效半径；A 为隧洞截面等效面积。

(7)荷载组合。根据输水隧洞的施工过程及运行条件，分别考虑了施工期轨道运输、完建、无压运行期、有压运行期、地震五种工况，各工况荷载组合见表 5-22。

表 5-22　隧洞荷载组合

工况	自重	围岩压力	外水压力	内水压力	轨道荷载	地震
工况Ⅰ:施工期轨道运输	√	√	√		√	
工况Ⅱ:完建	√	√	√			
工况Ⅲ:无压运行	√	√	√	√		
工况Ⅳ:有压运行	√	√		√		
工况Ⅴ:地震	√	√	√	√(6.13 m)		√

3.计算模型

采用大型通用的有限元计算程序 ANSYS 进行管片内力计算,该程序可用于平面、三维、杆系等课题的计算分析。根据隧洞的受力特性,采用平面杆系有限元法进行管片内力计算。按隧洞受力特点,衬砌采用二维梁单元模拟;为充分反映地层与结构之间的相互作用,地层约束以弹性链杆模拟(只能传递法向的压力,不能传递法向的拉力和切向的剪力),其刚度根据地基弹性抗力系数及衬砌单元包含的地基面积确定。计算模型节点总数为 292 个,衬砌单元 146 个,地基抗力单元 153 个,模型见图 5-40。

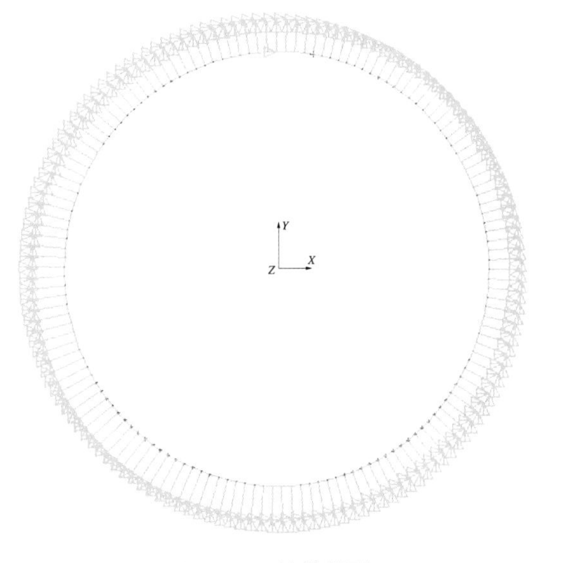

图 5-40　计算模型

4.计算结果

输水隧洞沿线围岩岩性以安山岩、凝灰岩为主,围岩类别大部分为Ⅱ、Ⅲ类,输水隧洞出口段约 2.2 km 为浩林地层,以砂页岩为主,围岩类别大部分为Ⅲ、Ⅳ类。综合考虑围岩类别及内外水情况,选 4 个断面为典型断面,分别代表Ⅱ类围岩、Ⅲ类围岩、Ⅳ类围岩及Ⅳ类围岩与挤压破碎带之间的围岩。TBM 管片衬砌计算成果见表 5-23,衬砌类型 B 完建工况及运行工况的内力图见图 5-41~图 5-46。

通过有限元计算,得到管片衬砌的内力,然后根据美国规范 *Srength Design for Reinforced Concrete Hydraulic Structures*(EM1110-2-2104)进行配筋计算,各工况下管片衬砌的内力分布略有差异,最不利工况为完建工况,管片弯矩最大值为 187.1 kN·m,轴力最大值为-4 548.8 kN,配筋设计后其含钢量为 115.8 kg/m^3。

现场管片的钢筋绑扎及浇筑成型见图 5-47~图 5-49。

表 5-23　TBM 管片衬砌计算成果

典型断面	工况	计算弯矩 M_k (kN·m/m)	轴力 N_k (kN/m)	连接处弯矩 M_j (kN·m/m)	剪力 Q_k (kN/m)	配筋 (mm^2/m)	说明
Ⅱ类围岩	工况Ⅰ:施工期轨道运输	133.7	-2 563.5	72.0	207.7	C40/60 等级：835 mm^2/4 ф 10+5 ф 12(根据最小配筋率 0.336%)	M_{max}
		-100.2	-3 058	-54.0			M_{min}
		111.2	-2 547.4	59.9			N_{max}
		25.3	-3 503.9	13.6			N_{min}
	工况Ⅱ：完建	148	-2 721.5	79.7	127.9		M_{max}
		-119.7	-3 268.8	-64.5			M_{min}
		125.6	-2 703.3	67.6			N_{max}
		6.3	-3 676.9	3.4			N_{min}
	工况Ⅲ：无压运行	130.5	-2 336.7	70.3	111.9		M_{max}
		-107.8	-2 823.3	-58.0			M_{min}
		116.4	-2 330.2	62.7			N_{max}
		1.9	-3 310.9	1.0			N_{min}
	工况Ⅳ:有压运行	51	5.1	27.0	62.3		M_{max}
		-36	-296.4	-19.4			M_{min}
		45.4	10.6	24.4			N_{max}
		-4.1	-959.5	-2.2			N_{min}
	工况Ⅴ:地震	152.1	-2 457.4	81.9	306.6		M_{max}
		-132.3	-2 875.6	-71.2			M_{min}
		139.8	-2 452.0	75.3			N_{max}
		38.5	-3 292.8	20.7			N_{min}

续表 5-23

典型断面	工况	计算弯矩 M_k（kN·m/m）	轴力 N_k（kN/m）	连接处弯矩 M_j（kN·m/m）	剪力 Q_k（kN/m）	配筋（mm^2/m）	说明
Ⅲ类围岩	工况Ⅰ:施工期轨道运输	167.3	−3 011.0	90.1	201.4	C50/60 等级：980 mm^2/9 ф 12	M_{max}
		−118.5	−3 579.9	−63.8			M_{min}
		158.6	−3 004.9	85.4			N_{max}
		25.8	−4 249.4	13.9			N_{min}
	工况Ⅱ：完建	187.1	−3 245.0	100.7	154.6		M_{max}
		−145.8	−3 905.1	−78.5			M_{min}
		179.1	−3 237.8	96.4			N_{max}
		1.5	−4 548.8	0.8			N_{min}
	工况Ⅲ：无压运行	167.3	−2 889.5	90.1	136.9		M_{max}
		−130.9	−3 488.6	−70.5			M_{min}
		161.8	−2 887.6	87.1			N_{max}
		−3.1	−4 203.4	−1.7			N_{min}
	工况Ⅳ:有压运行	83.0	−26.5	44.7	90.4		M_{max}
		−53.8	−142.8	−29.0			M_{min}
		80.4	−25.3	43.3			N_{max}
		−12.2	−1 329.2	−6.6			N_{min}
	工况Ⅴ:地震	211.8	−3 005.4	114.0	423.6		M_{max}
		−181.0	−3 519.8	−97.5			M_{min}
		209.7	−3 003.8	112.9			N_{max}
		62.9	−4 131.9	33.9			N_{min}

续表 5-23

典型断面	工况	计算弯矩 M_k (kN·m/m)	轴力 N_k (kN/m)	连接处弯矩 M_j (kN·m/m)	剪力 Q_k (kN/m)	配筋 (mm^2/m)	说明
Ⅳ类围岩	工况Ⅰ:施工期轨道运输	207.3	-3 572.5	111.6	199.5	C60/60 等级: 1 195 mm^2/ 4 Φ 12+5 Φ 14	M_{max}
		-135.2	-4 237.8	-72.8			M_{min}
		205.2	-3 570.8	110.5			N_{max}
		15.6	-5 121.9	8.4			N_{min}
	工况Ⅱ: 完建	231.7	-3 902.7	124.8	180.3		M_{max}
		-164.5	-4 634.3	-88.6			M_{min}
		230.2	-3 902.5	124.0			N_{max}
		-10.7	-5 570.1	-5.8			N_{min}
	工况Ⅲ: 无压运行	208.5	-3 577.5	112.3	160.8		M_{max}
		-150.2	-4 225.4	-80.9			M_{min}
		208.5	-3 577.5	112.3			N_{max}
		-15.5	-5 249.0	-8.3			N_{min}
	工况Ⅳ:有压运行	138.2	-705.9	74.4	123.5		M_{max}
		-86.6	-891.5	-46.6			M_{min}
		137.8	-705.0	74.2			N_{max}
		-28.3	-2 365.7	-15.2			N_{min}
	工况Ⅴ:地震	362.8	-4 007.1	195.4	657.3		M_{max}
		-313.1	-4 563.4	-168.6			M_{min}
		362.8	-4 007.1	195.4			N_{max}
		-193.5	-5 440.4	-104.2			N_{min}

续表 5-23

典型断面	工况	计算弯矩 M_k (kN·m/m)	轴力 N_k (kN/m)	连接处弯矩 M_j (kN·m/m)	剪力 Q_k (kN/m)	配筋 (mm²/m)	说明
V类围岩	工况Ⅰ:施工期轨道运输	261.3	-4 007.7	140.7	206.3	C60/60 等级:2 827 mm²/9 ϕ 20	M_{max}
		-170.1	-4 291.1	-91.6			M_{min}
		260.4	-4 007.5	140.2			N_{max}
		7.6	-5 838.9	4.1			N_{min}
	工况Ⅱ:完建	293.8	-4 412.7	158.2	216.8		M_{max}
		-197.2	-5 294.4	-106.2			M_{min}
		293.5	-4 412.5	158.0			N_{max}
		-19.0	-6 407.4	-10.2			N_{min}
	工况Ⅲ:无压运行	273.3	-4 087.1	147.2	198.6		M_{max}
		-183.2	-4 868.9	-98.6			M_{min}
		272.1	-4 086.9	146.5			N_{max}
		-23.5	-6 085.5	-12.7			N_{min}
	工况Ⅳ:有压运行	205.5	-1 210.7	110.7	164.4		M_{max}
		-130.7	-1 529.0	-70.4			M_{min}
		205.0	-1 209.0	110.4			N_{max}
		-37.1	-3 196.7	-20.0			N_{min}
	工况Ⅴ:地震	439.0	-4 620.4	236.4	718.1		M_{max}
		-361.9	-5 291.3	-194.8			M_{min}
		437.9	-4 620.3	235.8			N_{max}
		-221.0	-6 333.6	-119.0			N_{min}

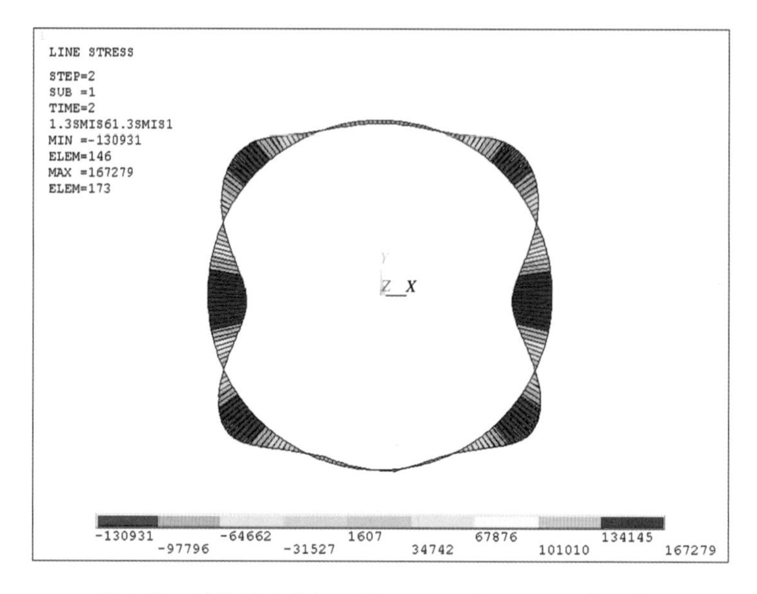

图 5-41　管片衬砌弯矩云图（无压运行工况，Ⅲ类围岩）

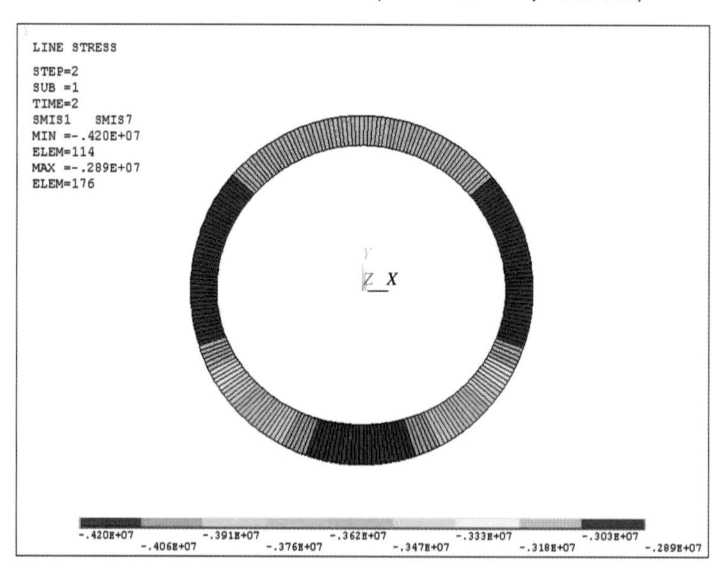

图 5-42　管片衬砌轴力云图（无压运行工况，Ⅲ类围岩）

5.3.3.2　基于欧洲和中国规范的结构计算

1.计算理论及方法

计算方法采用的收敛—约束法和内力求解方法为非线性求解方法，结构计算所依据的规范为欧洲规范 *Eurocode* 2：*Concrete structures Design—Part* 1.1：*General rules and rules for buildings*，计算软件采用“SCIA ENGINEER”有限元分析软件进行。有限元计算模型见图 5-50。

2.边界条件

管片结构的有限元模型边界由非线性作用弹簧单元组成，该弹簧单元仅在压缩时有

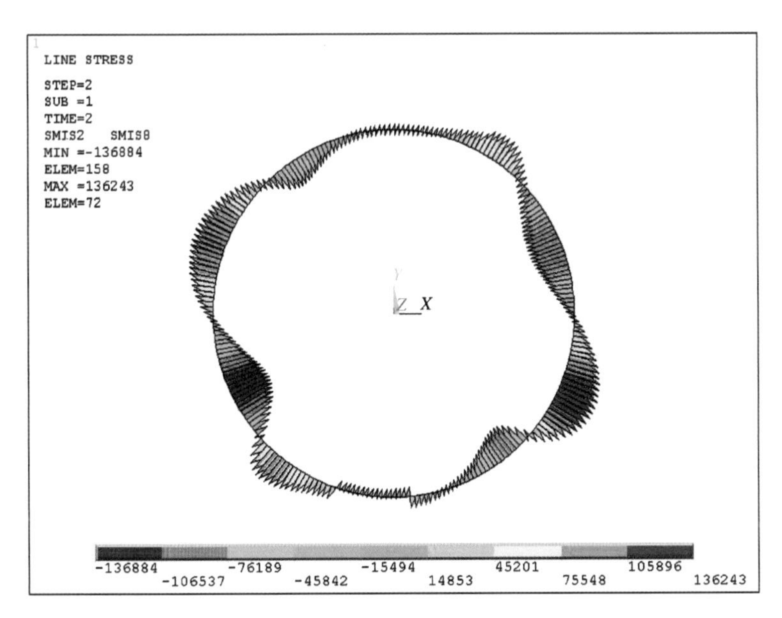

图 5-43　管片衬砌剪力云图（无压运行工况，Ⅲ类围岩）

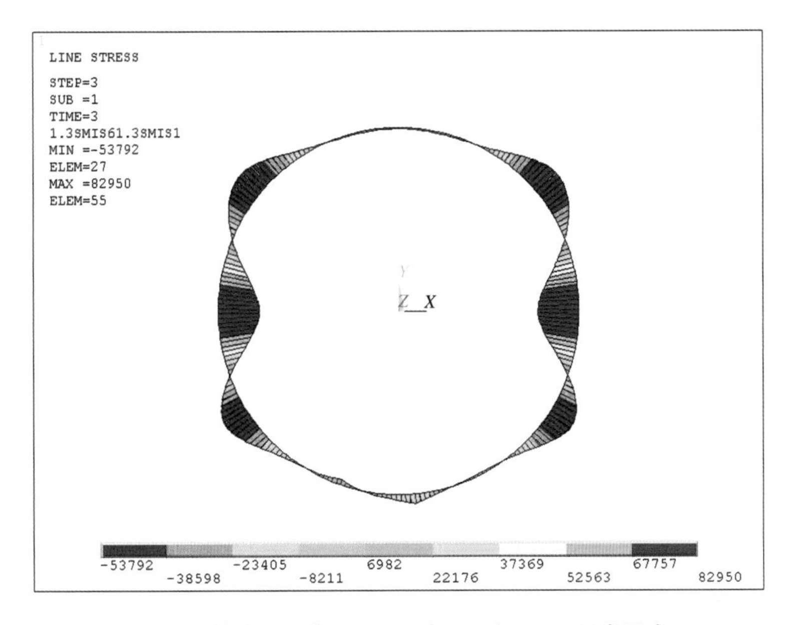

图 5-44　管片衬砌弯矩云图（有压运行工况，Ⅲ类围岩）

效，每个弹簧单元由一对弹簧组成，其中一个代表围岩，另一个代表管片与围岩之间的回填灌浆，回填灌浆材料包括砂浆和豆砾石。

1）Ⅱ类围岩

围岩弹簧刚度 k_R = 4 250 MN/m/m。

管片与围岩之间的回填豆砾石弹簧刚度由下式给出：

$$k_{P,i} = \frac{E_{P,i}}{R_m} \tag{5-19}$$

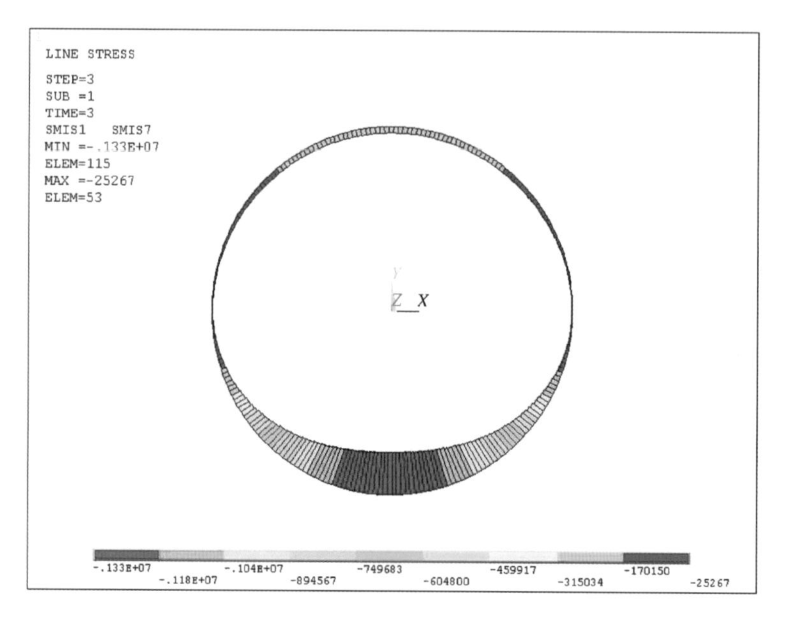

图 5-45 管片衬砌轴力云图（有压运行工况，Ⅲ类围岩）

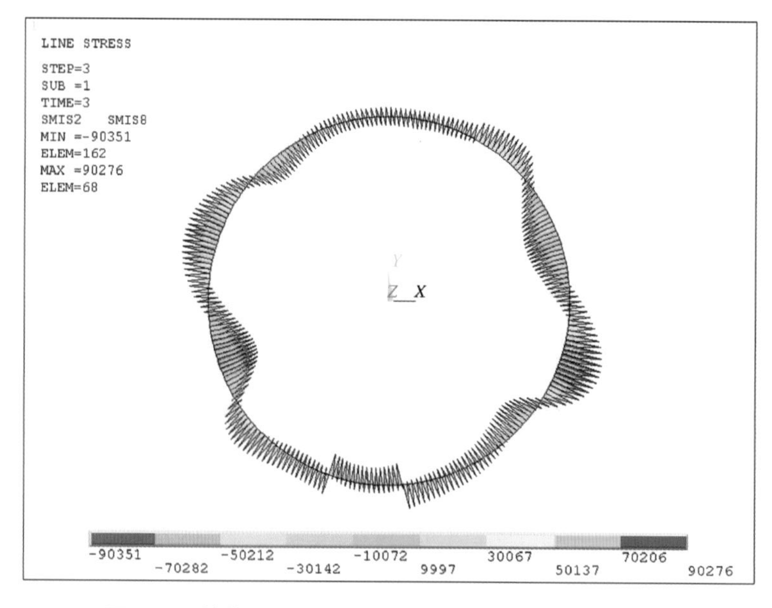

图 5-46 管片衬砌剪力云图（有压运行工况，Ⅲ类围岩）

式中：回填豆砾石的约束刚度模量 $E_{P,i}=5\ 000$ MPa；$R_m=4.25$ m。因此，$k_{P,i}=1\ 176.5$ MN/m/m。

计算模型的有限元弹簧刚度由下式给出：

$$k_r=\frac{k_R\cdot k_{P,i}}{k_R+k_{P,i}} \tag{5-20}$$

计算得 $k_r=921$ MN / m / m。

图 5-47　现场管片钢筋网绑扎图(一)

图 5-48　现场管片钢筋网绑扎图(二)

2) Ⅲ类围岩

围岩弹簧刚度 $k_R = 2\ 250$ MN / m / m。

管片与围岩之间的回填豆砾石弹簧刚度为

$$k_{P,i} = \frac{E_{P,i}}{R_m} = \frac{5\ 000\ \text{MPa}}{4.25\ \text{m}} = 1\ 176.5\ \text{MN/m/m}$$

计算模型的有限元弹簧刚度为

$$k_r = \frac{k_R \cdot k_{P,i}}{k_R + k_{P,i}} = 773\ \text{MN / m / m}$$

图 5-49　现场管片浇筑成型后图

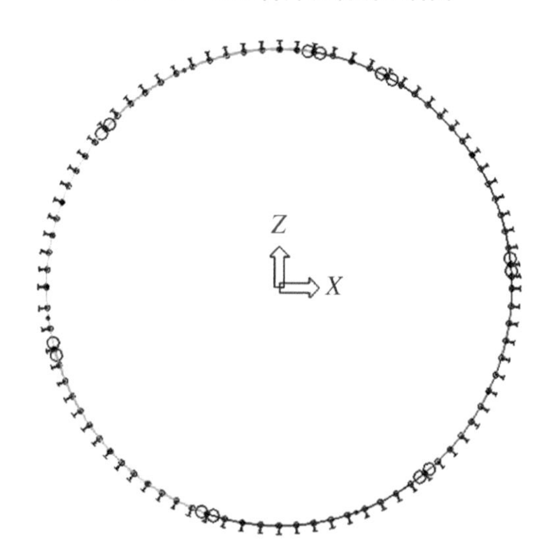

图 5-50　有限元计算模型

3) Ⅳ类围岩

围岩弹簧刚度 $k_R = 1\ 250\ \text{MN/m/m}$。

管片与围岩之间的回填豆砾石弹簧刚度为

$$k_{P,i} = \frac{E_{P,i}}{R_m} = \frac{5\ 000\ \text{MPa}}{4.25\ \text{m}} = 1\ 176.5\ \text{MN/m/m}$$

计算模型的有限元弹簧刚度为

$$k_r = \frac{k_R \cdot k_{P,i}}{k_R + k_{P,i}} = 606\ \text{MN/m/m}$$

3.计算荷载和工况组合

计算荷载考虑隧洞在完成衬砌后运行中产生的各种荷载，包含机组甩负荷时隧洞出口闸门关闭时产生的内水压力、围岩压力、外水压力等。

1）自重 LC1

混凝土重度按 25 kN/m³计。

2）围岩压力 LC2

垂直围岩压力：对于Ⅱ～Ⅳ类围岩：q=110 kN/m，如图 5-51 所示。

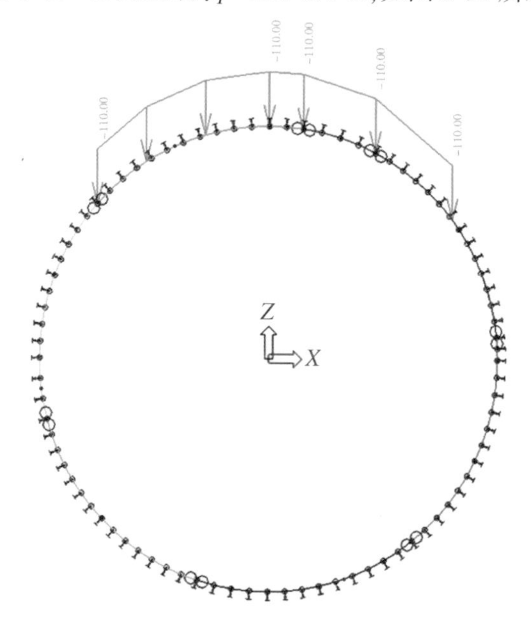

图 5-51　垂直围岩荷载　（单位：kN/m）

侧向围岩压力：对于Ⅱ～Ⅳ类围岩：q_{max} = 110 kN/m，q_{min} = 0，如图 5-52 所示。

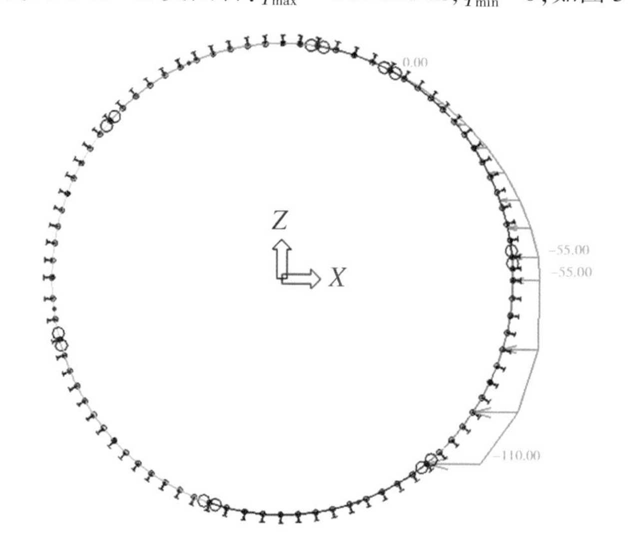

图 5-52　侧向围岩荷载　（单位：kN/m）

3)外水压力 LC3

外水压力为 27.3 m,如图 5-53 所示。

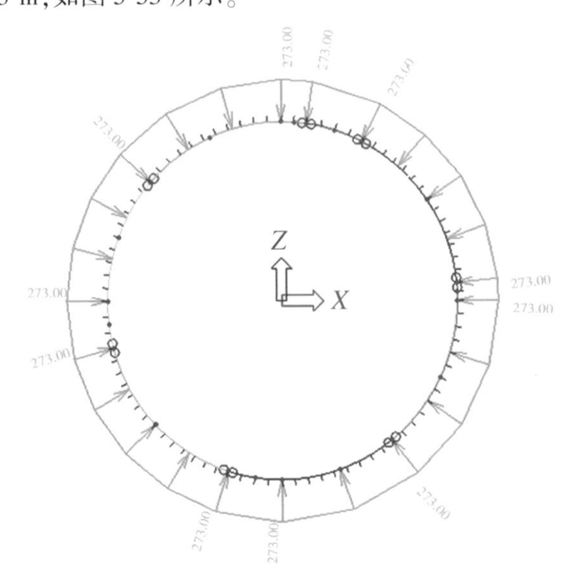

图 5-53 外水压力荷载 (单位:kN/m)

4)内水压力(无压运行)LC4

最大内水压力为 6.13 m,如图 5-54 所示。

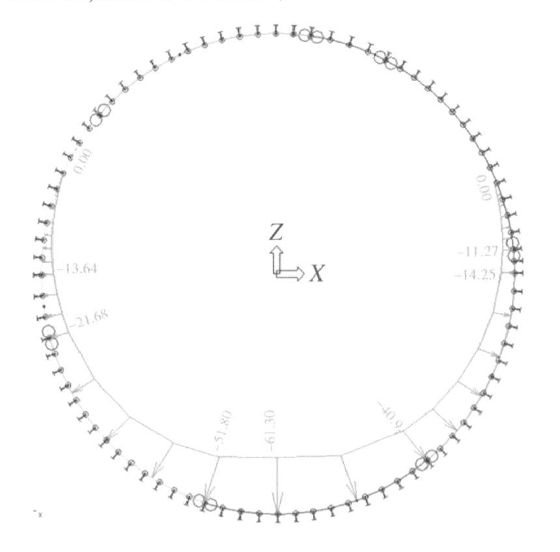

图 5-54 内水压力荷载(无压运行) (单位:kN/m)

5)内水压力(有压运行)LC5

内水压力为 21.45 m,如图 5-55 所示。

6)轨道荷载 LC6

最大轨道荷载为 220 kN,如图 5-56 所示。

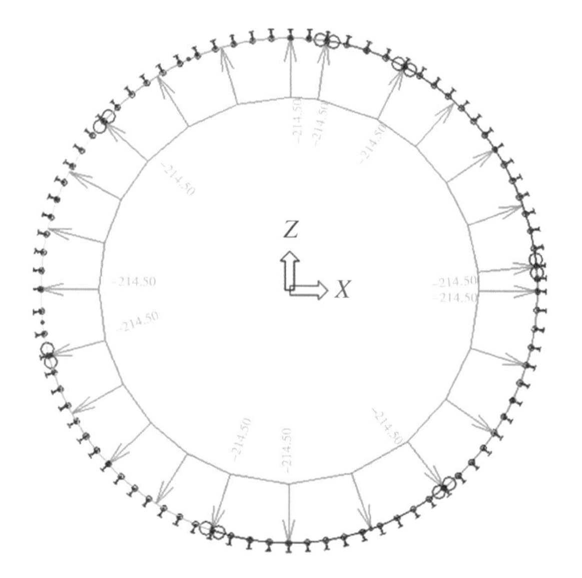

图 5-55　内水压力荷载(有压运行)　(单位:kN/m)

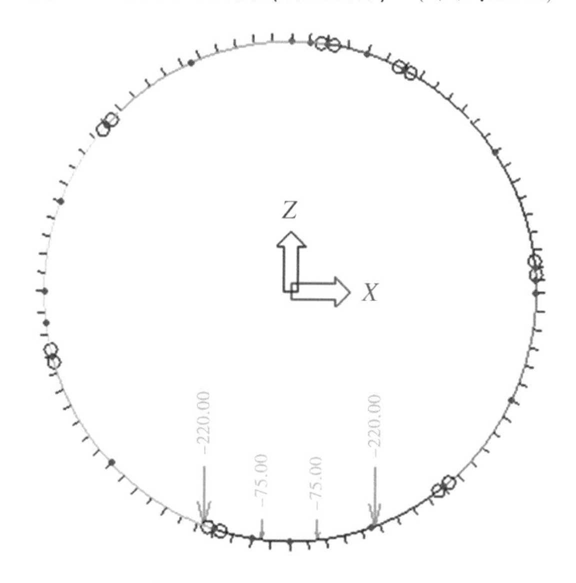

图 5-56　轨道荷载(有压运行)　(单位:kN/m)

7)荷载组合

按照工况,对荷载进行组合,并考虑荷载系数,其中欧洲规范对应的荷载系数为:

$\gamma_G = 1.35$,承载能力极限状态永久荷载系数(ULS);

$\gamma_Q = 1.50$,承载能力极限状态临时荷载系数(ULS);

$\gamma_G = \gamma_Q = 1.00$,正常使用极限状态荷载系数(SLS)。

承载能力极限状态 ULS 组合:

OS-C1:1.35 LC1

OS-C2:1.35 LC1 + 1.35 LC2

OS-C3:1.35 LC1 + 1.35 LC2

OS-C4:1.35 LC1 + 1.20 LC3

OS-C5:1.35 LC1 + 1.20 LC3 + 1.50 LC6

OS-C6:1.35 LC1 + 1.20 LC3 + 1.20 LC4

OS-C7:1.35 LC1 + 1.20 LC5

正常使用极限状态 SLS 组合:

OS-C8:1.00 LC1

OS-C9:1.00 LC1 + 1.00 LC2

OS-C10:1.00 LC1 + 1.00 LC2

OS-C11:1.00 LC1 + 1.00 LC3

OS-C12:1.00 LC1 + 1.00 LC3 + 1.00 LC6

OS-C13:1.00 LC1 + 1.00 LC3 + 1.00 LC4

OS-C14:1.00 LC1 + 1.00 LC5

4.计算结果

Ⅱ类围岩内力包络图见图 5-57。

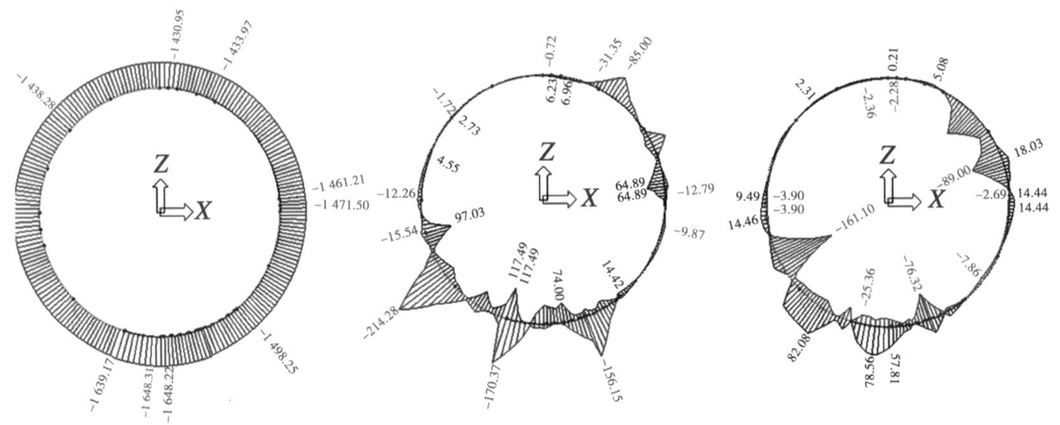

(a) 轴力图 (单位:kN/m)　(b) 剪力图 (单位:kN/m)　(c) 弯矩图 (单位:kN·m/m)

图 5-57　Ⅱ类围岩内力包络图

承载能力极限状态 ULS 组合下内力包络表见表 5-24。

表 5-24　承载能力极限状态 ULS 组合下内力包络表

N (kN/m)	V_z (kN/m)	M_y (kN · m/m)
-1 648.31	20.65	-22.66
-38.68	-0.45	0.12
-746.18	-214.28	-23.02
-1 639.17	117.49	0
-713.64	-54.47	-161.1
-780.18	59.72	82.08

正常使用极限状态 SLS 组合下内力包络表见 5-25。

表 5-25　正常使用极限状态 SLS 组合下内力包络表

N(kN/m)	V_z(kN/m)	M_y(kN·m/m)
-1 339.71	13.57	-15.72
-28.65	-0.33	0.09
-552.73	-158.72	-17.05
-1 333.62	79.9	0
-528.62	-40.35	-119.34
-577.91	44.23	60.8

根据欧洲规范的裂缝验算结果见 5-26。

表 5-26　根据欧洲规范的裂缝验算结果

N (kN)	M^y (kN·m)	M^z (kN·m)	σ^s (MPa)	$s^{r,max}$ (mm)	w (mm)	控制^{calc}	控制	A/E
N^r (kN)	M^{yr} (kN·m)	M^{zr} (kN·m)	$f^{ct,eff}$ (MPa)	$\varepsilon^{sm}-\varepsilon^{cm}$ [1×10^{-4}]	w^{lim} (mm)	控制^{lim}	h (mm)	x (mm)
-29.02	0	0	0	0	0	0	OK	12
-12 147.73	0	0	0	0		1.00		
-32.32	0	0	0	0	0	0	OK	12
-12 147.73	0	0	0	0		1.00		
-55.00	0	0	0	0	0	0	OK	12
-12 147.73	0	0	0	0		1.00		
-83.88	0	0	0	0	0	0	OK	12
-12 147.73	0	0	0	0		1.00		
-91.20	0	0	0	0	0	0	OK	12
-12 147.73	0	0	0	0		1.00		
-527.58	-106.08	0	306.3	301	0.277	0.92	OK	
-356.72	-71.72	0	3.50	9.2	0.300	1.00		
-69.70	0	0	0	0	0	0	OK	12
-12 147.73	0	0	0	0		1.00		
-39.14	0	0	0	0	0	0	OK	12
-12 147.73	0	0	0	0		1.00		
-28.76	0.15	0	0	0	0	0	OK	12
-10 990.95	58.11	0	0	0		1.00		
-92.53	-0.17	0	0	0	0	0	OK	12
-11 726.08	-21.18	0	0	0		1.00		
-58.88	-0.39	0	0	0	0	0	OK	12
-10 740.28	-70.75	0	0	0		1.00		
-61.28	-0.10	0	0	0	0	0	OK	12
-11 753.71	-19.79	0	0	0		1.00		

注：每两行数据为一组，分别对应表头各项目。

通过计算,各工况下管片衬砌的内力分布规律与美国规范计算结果基本一致,但数值有差异,最不利工况为完建工况,管片弯矩最大值为 161.10 kN · m,轴力最大值为 -1 648.22 kN,配筋设计后其含钢量为 91.1 kg/m^3,与美国规范相比减少了 24.6 kg/m^3。

采用中国规范,各工况下管片衬砌的内力分布规律与欧洲规范计算结果基本一致,数值略有差异,其配筋计算结果与欧洲规范计算结果一致。

5.3.3.3　**比较分析**

通过进一步比较分析,中国规范和欧洲规范基本一致,美国规范与欧洲规范、中国规范的荷载组合在形式上是相似的,均以荷载与荷载效应存在线性关系为前提,但荷载组合中的具体分项系数存在差异。中国规范采用荷载分项系数和设计状况系数、结构重要性系数,而美国规范则直接采用了相应的荷载分项系数。但是,修正的 ACI318 法(Modified ACI318)对水工结构进行设计则需要引入水力作用系数,而中国规范和欧洲规范是没有的。

美国规范采用的水力作用系数为 1.3,其实是考虑了水利工程的荷载不确定性而增加的安全系数,对于 CCS 输水隧洞而言,影响隧洞安全的荷载主要为外水压力,设计中为了进一步减少外水压力对管片衬砌的影响,对于Ⅱ~Ⅳ类围岩,根据隧洞开挖后揭示出的地下水情况,有渗水处在隧洞顶拱部位、水面以上均设置了排水孔,无渗水时可根据现场情况取消排水孔,Ⅴ类围岩洞段则全部设置排水孔,采取上述排水孔措施后,可有效降低外水压力,保证工程的安全,因此即使不考虑美国规范中的 1.3 水力作用系数,按照欧洲规范、中国规范计算的结果也是安全可靠的,经设计、咨询和业主充分论证后一致认可采用欧洲规范计算的配筋成果。优化后的 B 型管片钢筋图于 2013 年 4 月 30 日获得了咨询批准(函号:AC-SHC-Q-1051-2013),优化后的 B 型管片于 2013 年 5 月投产使用。

5.4　钻爆衬砌结构设计

根据施工总布置,CCS 输水隧洞进口段桩号 0+000.00~1+000.57、中间段桩号 9+878. .17~13+006.22、出口段桩号 24+724.02~24+739.02 为钻爆段。

其中,输水隧洞桩号 0+000.00~0+020.00 为进口渐变段,桩号 0+000.00 为 9.20 m×9.20 m 的正方形断面,桩号 0+020.00 为内径 9.20 m 的圆形断面,混凝土衬砌厚度为 1.5 m。

输水隧洞桩号 0+020.00~0+270.00 的隧洞为内径 9.20 m 的圆形断面;桩号 0+270.00~0+290.00 的隧洞内径从 9.20 m 过渡到 8.20 m;桩号 0+290.00~1+000.57 和桩号 9+878.17~13+006.22 的内径为 8.20 m。当隧洞的围岩为Ⅱ~Ⅳ类围岩时,混凝土衬砌的厚度为 0.50 m,隧洞的围岩为Ⅴ类围岩时,混凝土衬砌的厚度为 1.50 m。

输水隧洞桩号 24+724.02~24+739.02 为出口渐变段,桩号 24+739.02 为内径 8.20 m 的圆形断面,桩号 24+724.02 为 8.20 m×8.20 m 的正方形断面,混凝土衬砌厚度为 2.0 m。

输水隧洞钻爆段进口段(0+000.00~1+000.57)平面布置图如图 5-58 所示,输水隧洞钻爆段中间段(9+878.17~13+006.22)平面布置图如图 5-59 所示。

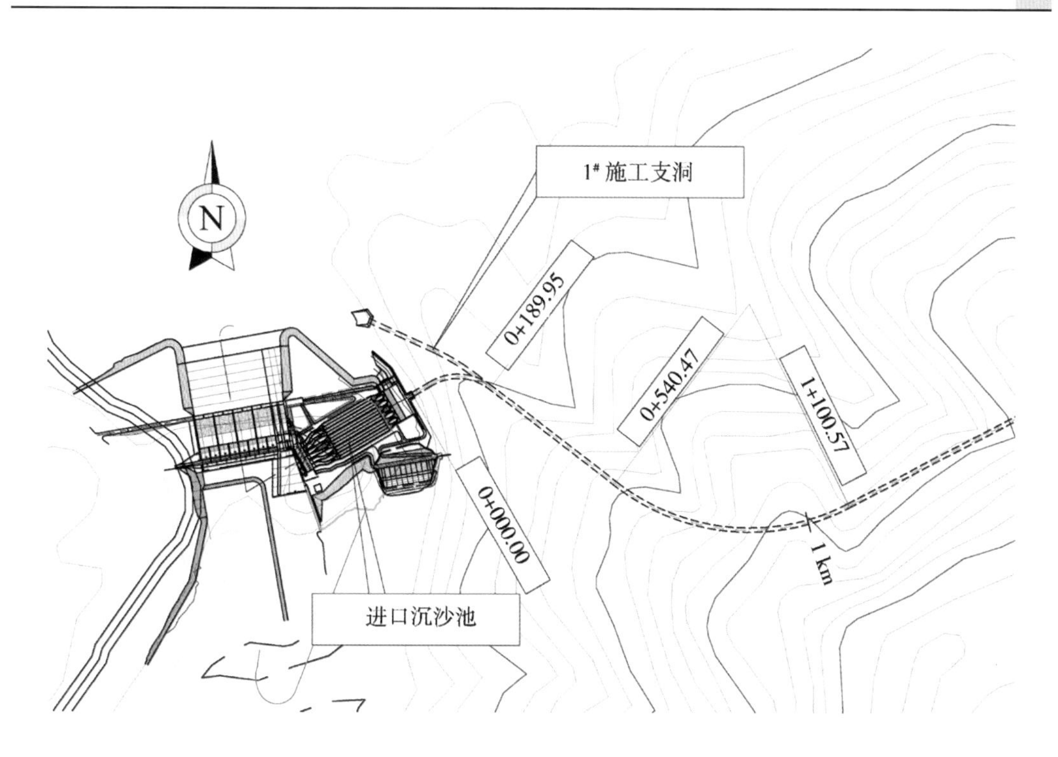

图 5-58　输水隧洞钻爆段进口段(0+000.00~1+100.57)平面布置图

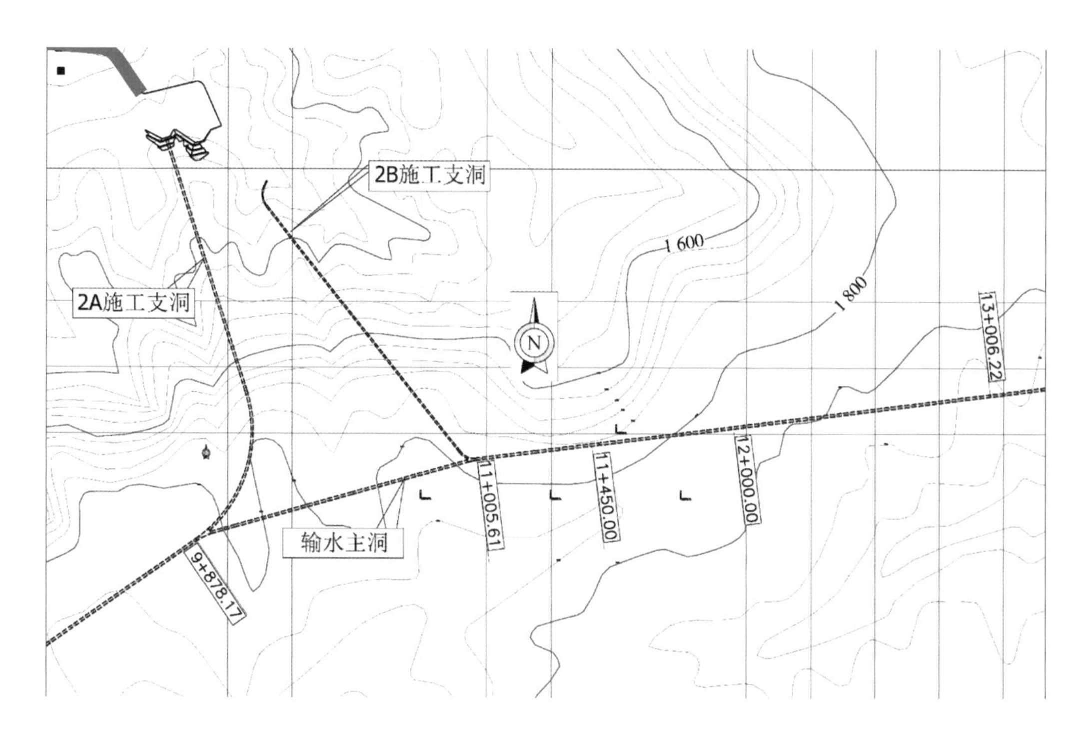

图 5-59　输水隧洞钻爆段中间段(9+878.17~13+006.22)平面布置图

输水隧洞钻爆段衬砌结构形式如表 5-27 所示。

表 5-27　输水隧洞钻爆段衬砌结构形式

<table>
<tr><th colspan="2">起止桩号</th><th rowspan="2">断面形式</th><th rowspan="2">尺寸(m)</th><th rowspan="2">衬砌厚度(m)</th></tr>
<tr><th>起</th><th>止</th></tr>
<tr><td>00+000.00</td><td>00+020.00</td><td>方变圆(渐变段)</td><td>方:9.20×9.20
圆,内径:D=9.2</td><td>1.5</td></tr>
<tr><td>00+020.00</td><td>00+270.00</td><td>圆</td><td>圆,内径:D=9.2</td><td rowspan="3">Ⅱ~Ⅳ类围岩:0.5
Ⅴ类围岩:1.5</td></tr>
<tr><td>00+270.00</td><td>00+290.00</td><td>圆(过渡段)</td><td>圆,内径:D=9.2
圆,内径:D=8.2</td></tr>
<tr><td>00+290.00</td><td>01+000.57</td><td>圆</td><td>圆,内径:D=8.2</td></tr>
<tr><td>24+739.02</td><td>24+724.02</td><td>圆变方(渐变段)</td><td>圆,内径:D=8.2
方:8.20×8.20</td><td>2.0</td></tr>
</table>

输水隧洞桩号 0+133.00~0+189.95 为 1#施工支洞与主洞交叉段,施工后期进行施工支洞混凝土封堵。

输水隧洞桩号 9+878.17~9+940.00 为 2A 施工支洞与主洞交叉段,施工后期进行施工支洞混凝土封堵。

输水隧洞桩号 10+970.00~11+032.95 为 2B 施工支洞与主洞交叉段,施工后期改建成检修通道,2B 施工支洞留作检修支洞。

5.4.1　典型断面设计

输水隧洞的进口段(0+000.00~1+000.57)和中间段(9+878.17~13+006.22)是钻爆开挖段,主要由花岗侵入岩、迷萨华林组火山岩构成,岩石类型为Ⅱ~Ⅴ类,衬砌结构为现浇混凝土。根据工程经验,如图 5-60、图 5-61 所示,当隧洞的围岩为Ⅱ~Ⅳ类围岩时,混凝土衬砌的厚度为 0.50 m;当隧洞的围岩为Ⅴ类围岩时,混凝土衬砌的厚度为 1.50 m。

按照围岩类型和衬砌厚度(见表 5-28),选择 4 种典型断面作为计算对象。

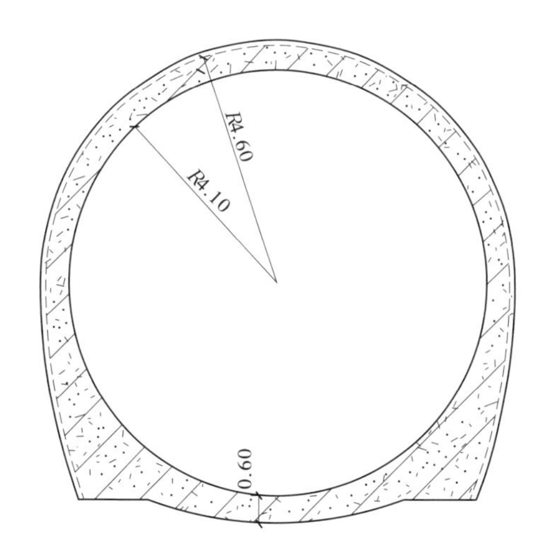

图 5-60　Ⅱ、Ⅲ、Ⅳ类围岩的衬砌结构典型剖面图

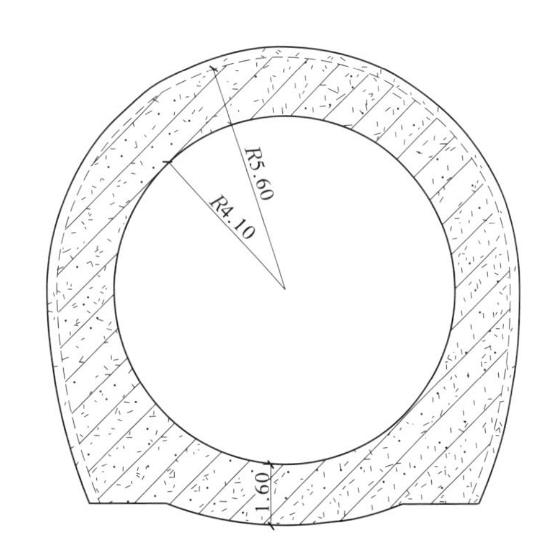

图 5-61　Ⅴ类围岩的衬砌结构典型剖面图

表 5-28　典型计算断面选择

围岩类型	衬砌厚度(m)
Ⅱ类	0.5
Ⅲ类	0.5
Ⅳ类	0.5
Ⅴ类	1.5

5.4.2　计算方法及模型

计算方法采用大型有限元软件 LUSAS,对现浇混凝土衬砌进行平面有限元结构分析。

根据隧洞荷载的特性,采用 BEAM 梁单元模拟衬砌结构,如图 5-62 所示。为了准确模拟围岩与衬砌之间只受压而不受拉的相互作用,采用 JPH3 弹簧单元模拟围岩与衬砌之间的接触,如图 5-63 所示。典型计算模型图 5-64 所示。

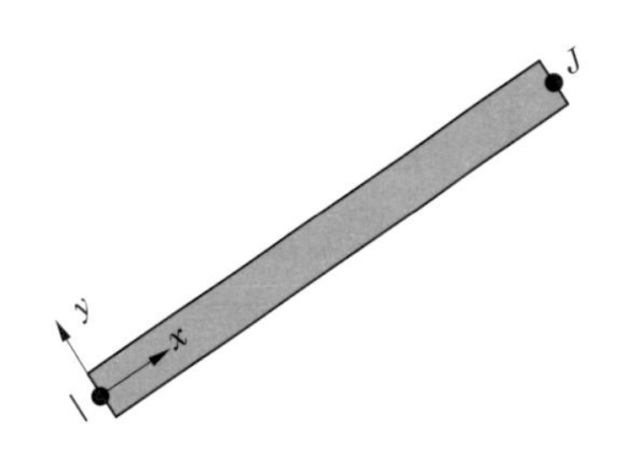

图 5-62　衬砌 BEAM 梁单元示意图

5.4.3　荷载及荷载组合

5.4.3.1　荷载

1.自重

钢筋混凝土衬砌重度为 25 kN/m^3。

2.围岩压力

如图 5-65 所示,根据美国隧洞规范 EM1110-4-2-2901 中第九章表 9.1 确定衬砌结构的围岩压力。

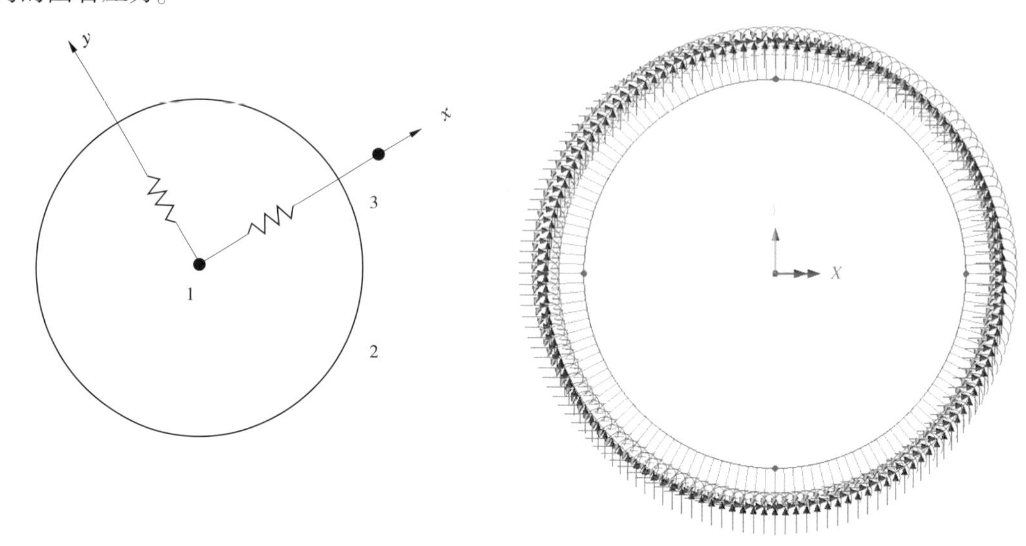

图 5-63　JPH3 弹簧单元示意图　　　　图 5-64　典型计算模型

Box 9-1. General Recommendations for Loads and Distortions

1. Minimum loading for bending: Vertical load uniformly distributed over the tunnel width, equal to a height of rock 0.3 times the height of the tunnel.
2. Shatter zone previously stabilized: Vertical, uniform load equal to 0.6 times the tunnel height.
3. Squeezing rock: Use pressure of 1.0 to 2.0 times tunnel height, depending on how much displacement and pressure relief is permitted before placement of concrete. Alternatively, use estimate based on elastoplastic analysis, with plastic radius no wider than one tunnel diameter.
4. For cases 1, 2, and 3, use side pressures equal to one-half the vertical pressures, or as determined from analysis with selected horizontal modulus. For excavation by explosives, increase values by 30 percent.
5. Swelling rock, saturated in situ: Use same as 3 above.
6. Swelling rock, unsaturated or with anhydrite, with free access to water: Use swell pressures estimated from swell tests.
7. Noncircular tunnel (horseshoe): Increase vertical loads by 50 percent.
8. Nonuniform grouting load, or loads due to void behind lining: Use maximum permitted grout pressure over area equal to one-quarter the tunnel diameter, maximum 1.5 m (5 ft).

图 5-65　美国隧洞规范围岩荷载取值规定

根据图 5-65 得到的围岩荷载计算值如表 5-29 所示。

表 5-29　围岩荷载计算值

围岩类型	垂直荷载	水平荷载
Ⅱ～Ⅳ类	$0.6H$	$0.3H$
Ⅴ类	$1.17H$	$0.6H$

注：H 为隧洞的开挖宽度。

3.外水压力

根据美国隧洞规范 EM1110-4-2-2901,当采用适当的排水系统时,外水的压力可以采用地下水总水头的 25%或 3 倍洞径的水头。

4.内水压力

根据一维水力学计算成果,隧洞正常运行时洞内水位为 6.12 m。当电站甩负荷时,出口闸门关闭,此时隧洞出口处洞顶的最大水击压力水头为 30.84 m,即洞内水位是 1 254.84 m,中间钻爆段(9+878.17~13+006.22)最大压力水头为 10.44 m(至洞底)。

5.地震荷载

根据地质资料,最大的地震加速度为 0.3g。

5.4.3.2 荷载组合

根据隧道的施工方法和施工条件,确定了完建、正常运行、有压运行和地震四种工况(见表 5-30)。

表 5-30 隧道衬砌荷载组合

工况	自重	围岩压力	外水压力	内水压力	地震
工况Ⅰ(完建)	√	√	√	—	—
工况 Ⅱ(正常运行)	√	√	√	√	—
工况 Ⅲ(有压运行)	√	√	—	√	—
工况Ⅳ(地震)	√	√	√	√	√

根据美国隧洞规范 EM1110-4-2-2901,不同工况下的荷载系数取值见表 5-31。

表 5-31 不同工况下的荷载系数取值

工况	自重	围岩压力	外水压力	内水压力	地震
工况Ⅰ(完建)	1.1	1.4	1.4	—	—
工况 Ⅱ(正常运行)	1.3	1.4	1.4	1.4	—
工况 Ⅲ(有压运行)	1.3	1.4	—	1.4	—
工况Ⅳ(地震)	1.1	1.2	1.4	1.4	1.4

衬砌荷载计算结果见表 5-32。

5.4.4 计算结果

衬砌的内力计算结果如表 5-33~表 5-36 所示,并根据美国规范 EM1110-2-2104,对现浇混凝土衬砌进行内力配筋计算。

表 5-32　衬砌荷载计算结果

工况	岩石类型	开挖洞径（m）	美国规范荷载系数		岩石密度（kg/m³）	垂直围岩荷载		水平围岩荷载		外水压力（m）	内水压力（m）
			垂直	水平		m	N/m	m	N/m		
工况Ⅰ（完建）	Ⅱ	9.40	0.60	0.30	2 710.00	5.64	152 844.00	2.82	76 422.00	28.20	0
	Ⅲ	9.45	0.60	0.30	2 710.00	5.67	153 657.00	2.84	76 828.50	28.35	0
	Ⅳ	9.55	0.60	0.30	2 270.00	5.73	130 071.00	2.87	65 035.50	28.65	0
	Ⅴ	11.55	1.17	0.60	2 200.00	13.51	297 297.00	6.93	152 460.00	34.65	0
工况Ⅱ（正常运行）	Ⅱ	9.40	0.60	0.30	2 710.00	5.64	152 844.00	2.82	76 422.00	28.20	6.12
	Ⅲ	9.45	0.60	0.30	2 710.00	5.67	153 657.00	2.84	76 828.50	28.35	6.12
	Ⅳ	9.55	0.60	0.30	2 270.00	5.73	130 071.00	2.87	65 035.50	28.65	6.12
	Ⅴ	11.55	1.17	0.60	2 200.00	13.51	297 297.00	6.93	152 460.00	34.65	6.12
工况Ⅲ（有压运行）	Ⅱ	9.40	0.60	0.30	2 710.00	5.64	152 844.00	2.82	76 422.00	0	10.44
	Ⅲ	9.45	0.60	0.30	2 710.00	5.67	153 657.00	2.84	76 828.50	0	10.44
	Ⅳ	9.55	0.60	0.30	2 270.00	5.73	130 071.00	2.87	65 035.50	0	10.44
	Ⅴ	11.55	1.17	0.60	2 200.00	13.51	297 297.00	6.93	152 460.00	0	10.44
工况Ⅳ（地震）	Ⅱ	9.40	0.60	0.30	2 710.00	5.64	152 844.00	2.82	76 422.00	28.20	6.12
	Ⅲ	9.45	0.60	0.30	2 710.00	5.67	153 657.00	2.84	76 828.50	28.35	6.12
	Ⅳ	9.55	0.60	0.30	2 270.00	5.73	130 071.00	2.87	65 035.50	28.65	6.12
	Ⅴ	11.55	1.17	0.60	2 200.00	13.51	297 297.00	6.93	152 460.00	34.65	6.12

表 5-33　Ⅱ类围岩混凝土衬砌内力及配筋计算结果

围岩类型	荷载组合	衬砌结构弯矩 M(kN·m/m)	衬砌结构轴力 N(kN/m)	衬砌结构剪力 Q(kN/m)	配筋 (mm²/m)	说明
Ⅱ类	工况Ⅰ(完建)	75.48	-2 684.99	123.957	C40/60 级 1 376 mm²/5 Φ 20 (按照最小配筋率 0.336%)	M_{max}
		-126.96	-3 033.70			M_{min}
		64.66	-2 651.96			N_{max}
		9.16	-3 806.22			N_{min}
	工况Ⅱ(正常运行)	79.55	-2 689.74	126.34		M_{max}
		-132.28	-3 047.70			M_{min}
		66.99	-2 657.67			N_{max}
		9.99	-3 833.00			N_{min}
	工况Ⅲ(有压运行)	59.69	-186.07	77.37		M_{max}
		-79.16	-334.49			M_{min}
		40.35	-125.64			N_{max}
		1.69	-1 297.11			N_{min}
	工况Ⅳ(地震)	99.95	-2 785.88	291.50		M_{max}
		-148.02	-3 093.05			M_{min}
		90.16	-2 758.15			N_{max}
		40.77	-3 764.20			N_{min}

表 5-34　Ⅲ类围岩混凝土衬砌内力及配筋计算结果

围岩类型	荷载组合	衬砌结构弯矩 M（kN·m/m）	衬砌结构轴力 N(kN/m)	衬砌结构剪力 Q(kN/m)	配筋（mm^2/m）	说明
Ⅲ类	工况Ⅰ(完建)	81.54	-2 695.16	118.89	C40/60 级 1 376 mm^2/5 Φ 20（按照最小配筋率 0.336%）	M_{max}
		-132.85	-3 048.02			M_{min}
		69.52	-2 662.23			N_{max}
		5.93	-3 823.77			N_{min}
	工况Ⅱ(正常运行)	86.56	-2 699.24	122.19		M_{max}
		-139.19	-3 061.79			M_{min}
		72.60	-2 667.24			N_{max}
		7.10	-3 850.02			N_{min}
	工况Ⅲ（有压运行）	78.87	-192.44	88.97		M_{max}
		-98.81	-360.95			M_{min}
		53.37	-114.56			N_{max}
		-1.67	-1 295.03			N_{min}
	工况Ⅳ（地震）	124.82	-2 825.83	332.50		M_{max}
		-173.14	-3 169.46			M_{min}
		113.83	-2 798.17			N_{max}
		57.17	-3 810.59			N_{min}

表 5-35　Ⅳ类围岩混凝土衬砌内力及配筋计算结果

围岩类型	荷载组合	衬砌结构弯矩 M(kN·m/m)	衬砌结构轴力 N(kN/m)	衬砌结构剪力 Q(kN/m)	配筋 (mm²/m)	说明
Ⅳ类	工况Ⅰ(完建)	78.21	−2 564.33	113.02	C40/60 级 1 376 mm²/5 ⏀ 20 (按照最小配筋率 0.336%)	M_{max}
		−125.09	−2 906.13			M_{min}
		66.67	−2 537.18			N_{max}
		3.54	−3 539.97			N_{min}
	工况Ⅱ(正常运行)	85.22	−2 578.59	117.31		M_{max}
		−133.78	−2 919.92			M_{min}
		71.14	−2 540.85			N_{max}
		5.29	−3 665.10			N_{min}
	工况Ⅲ(有压运行)	93.69	−27.42	93.39		M_{max}
		−109.11	−205.98			M_{min}
		70.33	43.93			N_{max}
		−0.48	−980.15			N_{min}
	工况Ⅳ(地震)	197.7	−2 966.3	455.8		M_{max}
		−243.1	−3 268.9			M_{min}
		187.0	−2 943.7			N_{max}
		130.7	−3 820.0			N_{min}

表 5-36　V 类围岩混凝土衬砌内力及配筋计算结果

围岩类型	荷载组合	衬砌结构弯矩 M（kN·m/m）	衬砌结构轴力 N(kN/m)	衬砌结构剪力 Q(kN/m)	配筋（mm^2/m）	说明
V类	工况 I（完建）	856.03	−4 247.14	524.15	C40/60 级 4 711 mm^2/6 Φ 32（按照最小配筋率 0.336%）	M_{max}
		−1 159.54	−5 683.71			M_{min}
		702.55	−4 073.45			N_{max}
		674.54	−6 695.69			N_{min}
	工况 II（正常运行）	−906.66	−4 244.10	546.87		M_{max}
		−1 218.82	−5 736.05			M_{min}
		740.61	−4 074.66			N_{max}
		720.33	−6 765.16			N_{min}
	工况 III（有压运行）	1 079.83	−1 481.27	570.67		M_{max}
		−1 336.67	−2 945.17			M_{min}
		905.56	−1 322.80			N_{max}
		766.76	−4 028.63			N_{min}
	工况 IV（地震）	1 234.72	−5 888.75	1 576.4		M_{max}
		−1 508.86	−7 162.63			M_{min}
		1 096.38	−5 742.65			N_{max}
		1 086.44	−8 042.20			N_{min}

衬砌结构弯矩、轴力、剪力云图见图 5-66～图 5-68。

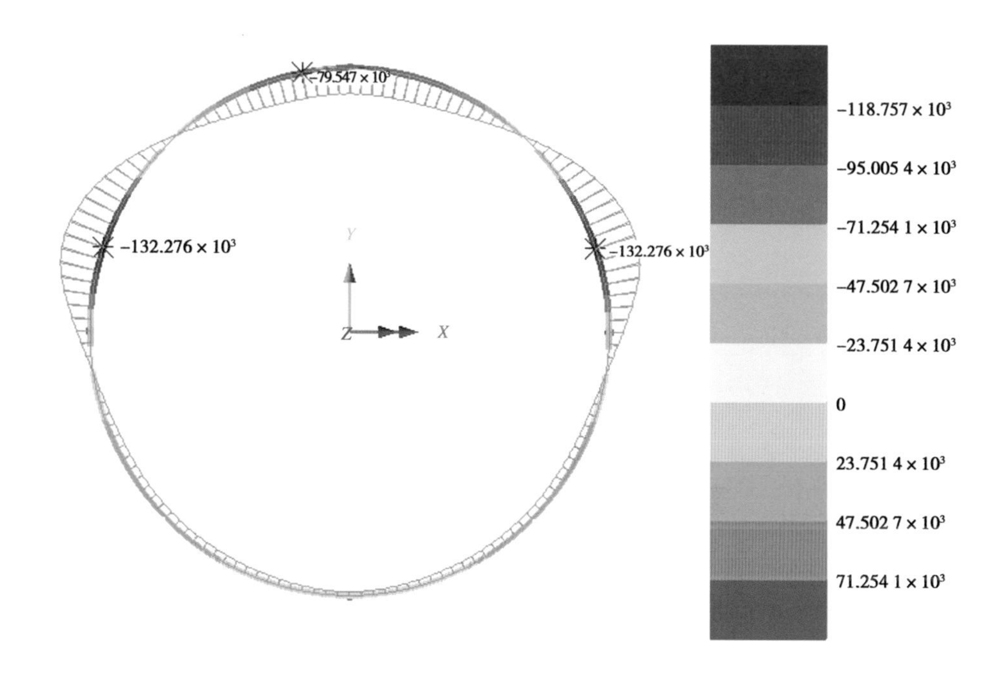

图 5-66　衬砌结构弯矩云图（正常运行工况，Ⅱ类围岩）

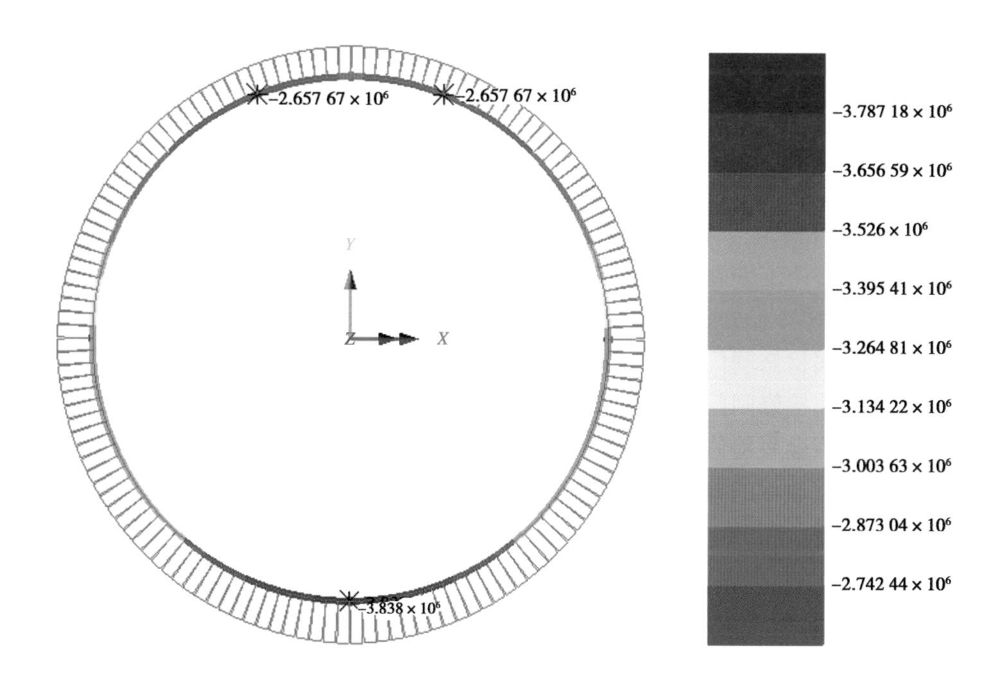

图 5-67　衬砌结构轴力云图（正常运行工况，Ⅱ类围岩）

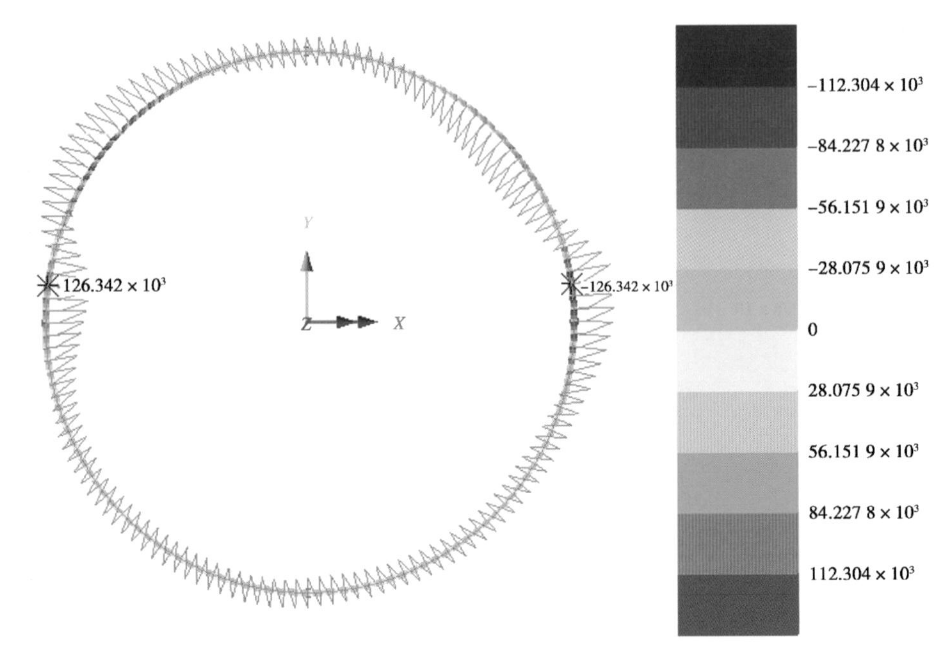

图 5-68　衬砌结构剪力云图（正常运行工况，Ⅱ类围岩）

5.5　检修支洞结构设计

5.5.1　施工支洞改建检修支洞新方法

在大中型水利水电工程输水隧洞（明流洞）建设过程中，特别是长距离、大直径、深埋输水隧洞，通常将施工期临时的施工支洞改建为检修支洞，以达到缩短工期、降低投资的目的。目前在改建中，通常是在施工支洞与输水隧洞主洞交叉连接段内设置金属检修闸门，通过控制金属检修闸门启闭达到输水隧洞主洞的运行和检修目的。此方法有两个弊端：一是增加金属检修闸门等相关结构，增加了工程投资；二是金属检修闸门本身存在维护及检修问题，当金属检修闸门因故障需要检修或定期维修时，必须放空整个输水隧洞主洞内的水。因此，通常的施工支洞改建检修支洞的方法，不仅增加工程投资，而且影响输水隧洞的正常运行，存在一定的安全隐患。

根据工程特点和相关设计经验，选择将 2B 施工支洞作为检修支洞，首先将 2B 施工支洞与输水隧洞主洞连接处进行混凝土封堵；封堵时，在位于封堵段的施工支洞内留出第一检修通道，所述第一检修通道的纵坡为 10%；然后在靠近所述封堵段施工支洞内的洞底用块石混凝土回填成沿 2B 施工支洞纵向呈“凸”字形曲线的第二检修通道；“凸”字形曲线的洞底最高处为圆弧段，所述圆弧段洞底的两侧纵坡均为 10%，位于封堵段一侧的纵坡与第一检修通道的纵坡相衔接；圆弧段洞底最高点的高程大于输水隧洞主洞的正常运行水位线；最后在第二检修通道的洞底表面铺设 0.5 m 厚的常态混凝土，作为混凝土防渗路面。

该设计相比传统施工支洞改建检修支洞方法优点在于，避免了增设检修闸门，降低了施工难度和工程投资，经济易行且缩短了工期。本发明方法尤其适用于长距离、大直径、深埋输水隧洞（明流洞）的施工支洞回填改建检修支洞，该检修支洞还可兼作明流输水隧洞的通气洞。同时，检修支洞既可以在运行期挡水，又可以在检修期放空输水隧洞主洞的情况下对输水隧洞主洞进行检修，该设计已经申请了发明专利。

输水隧洞与 2B 施工支洞连接处封堵段的平面图和剖面图详如图 5-69 和图 5-70 所示。

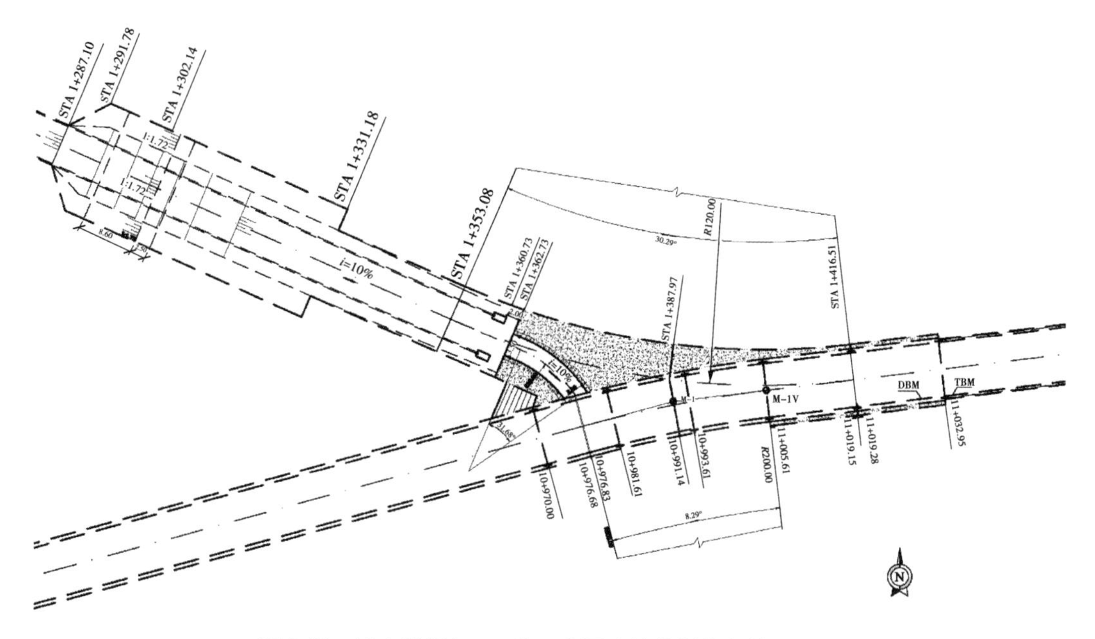

图 5-69　输水隧洞与 2B 施工支洞连接处封堵段的平面图

5.5.2　断面结构设计

5.5.2.1　典型断面选择

输水隧洞与 2B 施工支洞连接处封堵段主要岩石类型为Ⅲ类，封堵段检修通道底板纵坡为 10%，随着底板混凝土厚度逐渐变大，检修通道的高度也随之变低，计算选取封堵混凝土较薄的 *A*—*A* 剖面作为典型计算剖面，*A*—*A* 剖面中底板厚度取该段的最小厚度、孔口尺寸取最大孔口尺寸进行计算，计算典型剖面图详见图 5-71。

5.5.2.2　计算方法及模型

采用大型通用有限元计算程序 LUSAS 进行结构计算，其中封堵段混凝土采用 QPM4M 平面应力 2D 单元，围岩与封堵段接触采用 JPH3 弹簧单元，该单元只受压、不受拉，围岩采用全约束。

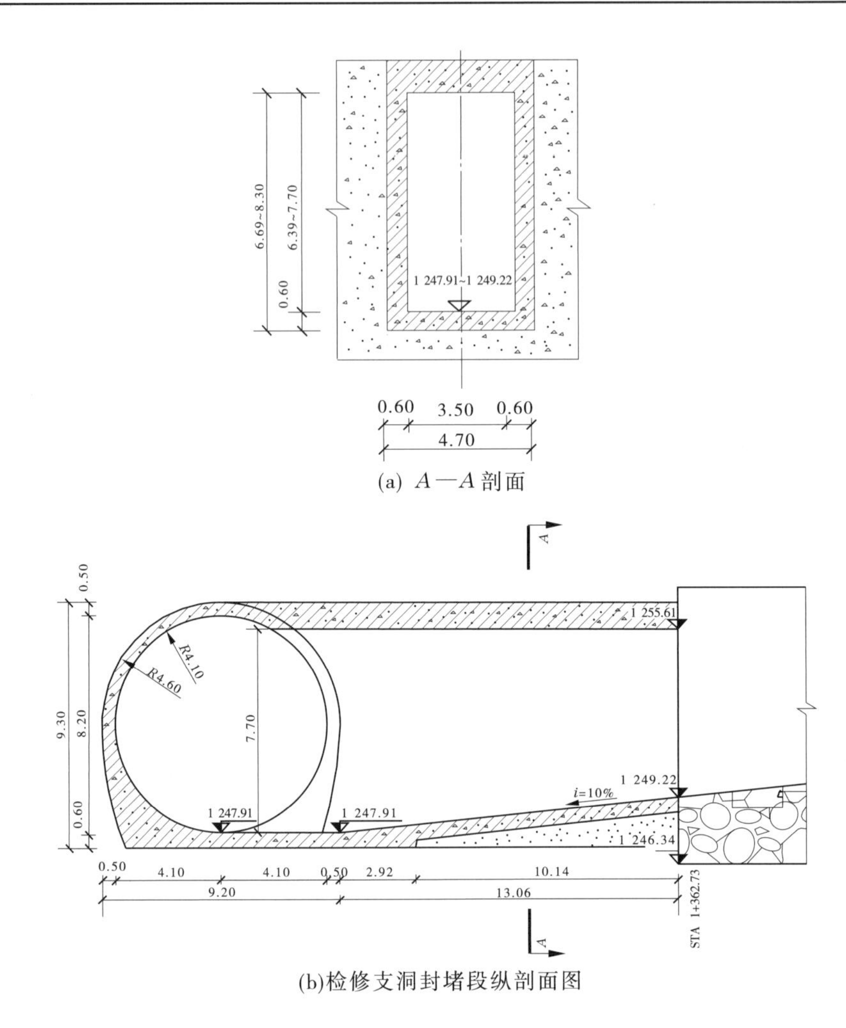

(a) A—A 剖面

(b)检修支洞封堵段纵剖面图

图 5-70　输水隧洞与 2B 施工支洞连接处封堵段的剖面图　(单位:m)

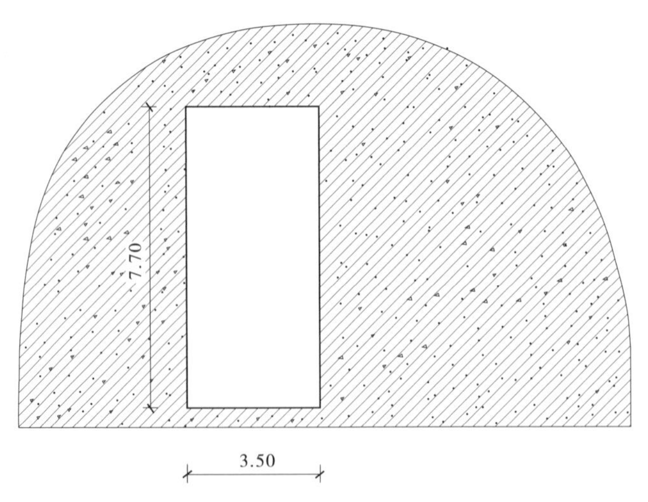

图 5-71　输水隧洞与 2B 施工支洞连接处封堵段典型剖面图(A—A 剖面)　(单位:m)

QPM4M 单元为平面应力连续体,每个节点有 u、v 两个自由度,有 X、Y 两个坐标,如图 5-72 所示。JPH3 弹簧单元有 3 个节点,第三个节点用于确定单元 x 轴,在第一节点和第二节点处有 u、v、θz 三个自由度(活动节点),每个节点有 X、Y 两个坐标,如图 5-73 所示。

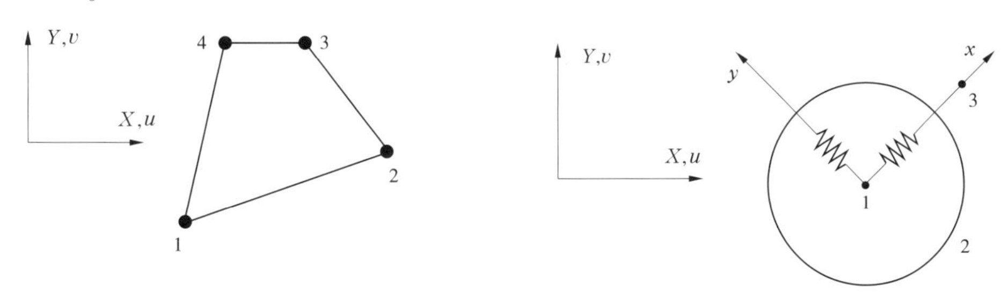

图 5-72　QPM4M 单元示意图　　　图 5-73　JPH3 单元示意图

QPM4M 单元长度控制 0.5 m,QPM4M 单元厚度为 1 m,一共有 495 个单元,563 个节点,JPH3 弹簧单元一共有 95 个单元,186 个节点。有限元计算模型示意图见图 5-74。

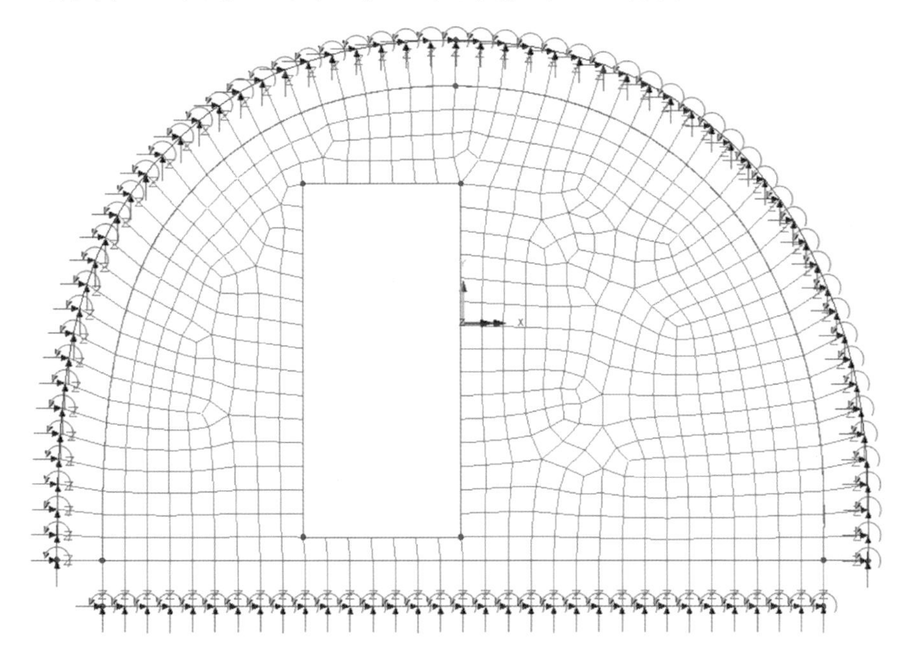

图 5-74　有限元计算模型示意图

5.5.2.3　荷载及荷载组合

1.荷载

1)自重

混凝土衬砌重度 25 kN/m^3。

2)围岩压力

如图 5-65 所示,根据美国隧洞规范 EM1110-4-2-2901 中第 9 章表 9.1 确定衬砌结构的围岩压力。

根据图 5-65，得到围岩荷载计算值如表 5-37 所示。

表 5-37 围岩荷载计算值

围岩类型	垂直荷载	水平荷载
Ⅱ类	$0.6H$	$0.3H$

注：H 为隧洞的开挖宽度。

3）外水压力

根据美国隧洞规范 EM1110-4-2-2901，当采用适当的排水系统时，外水压力可以采用地下水总水头的 25%或 3 倍洞径的水头。

4）内水压力

根据一维水力学计算成果，隧洞正常运行时检修支洞内水位为 6.12 m。

5）汽车荷载

在检修工况下，检修通道底板需要考虑如图 5-75 所示的标准轴距重货车荷载，单轴两轮距离 1.8 m。荷载动态放大倍率 1.33。

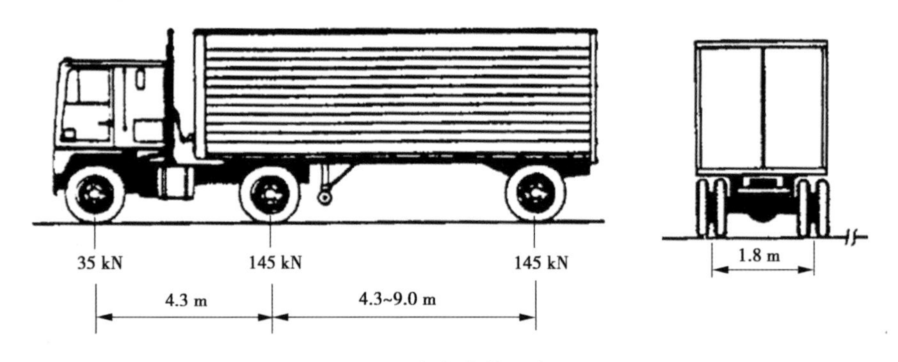

图 5-75 汽车荷载示意图

6）汽车荷载

在检修工况下，检修通道需要考虑 3.6×10^{-3} MPa 人群荷载。

2.荷载组合

根据隧道的施工方法和施工条件，确定正常运行、检修 2 种工况下的荷载组合，见表 5-38。

表 5-38 荷载组合

工况	自重	围岩压力	内水压力	外水压力	人群荷载	汽车荷载
正常运行	√	√	√	√	—	—
检修	√	√	—	√	√	√

根据美国隧洞规范 EM1110-4-2-2901，不同工况下的荷载系数取值见表 5-39。

表 5-39　荷载系数

工况	自重	围岩压力	内水压力	外水压力	人群荷载	汽车荷载
正常运行	1.4	1.4	1.7	1.7	—	—
检修	1.4	1.4	—	1.7	1.7	1.7

5.5.2.4　**计算结果**

计算的应力结果如表 5-40 所示。其中，正号表示主拉应力，负号表示主压应力。

表 5-40　封堵段检修通道平面计算结果

荷载组合	最大主应力（MPa）	最小主应力（MPa）
正常运行	+1.66	-31.35
检修	+1.82	-31.99

正常运行、检修工况主应力见图 5-76～图 5-79。

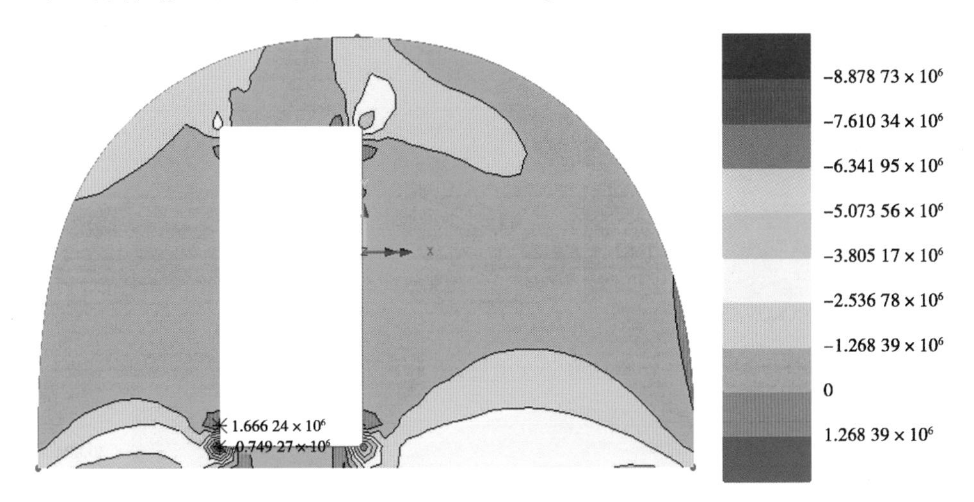

图 5-76　正常运行工况下最大主应力　（单位：Pa）

结构配筋采用应力面积法，按照最大主拉应力进行配筋方向积分，假定主拉应力全部由钢筋承担，根据计算结果进行应力面积积分，求得钢筋面积，计算公式如下：

$$T = \frac{1}{\gamma_d}(f_y A_s) \tag{5-21}$$

式中：γ_d 为钢筋混凝土结构的结构系数；f_y 为钢筋抗拉强度设计值；T 为由荷载设计值确定的主拉应力在配筋方向上形成的总拉力，$T=Ab$，A 为截面主拉应力在配筋方向投影图形的总面积，b 为结构截面宽度；A_s 为受拉钢筋截面面积。

计算结果如表 5-41 所示。

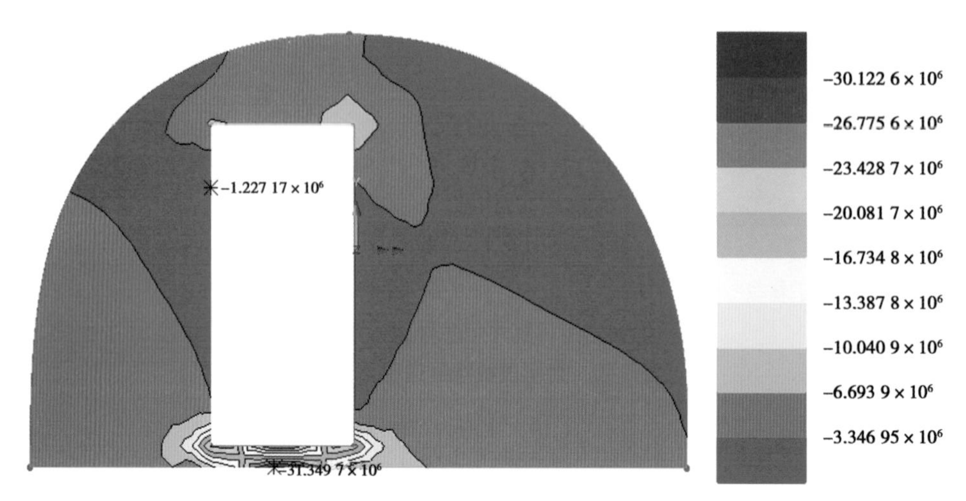

图 5-77　正常运行工况下最小主应力　(单位:Pa)

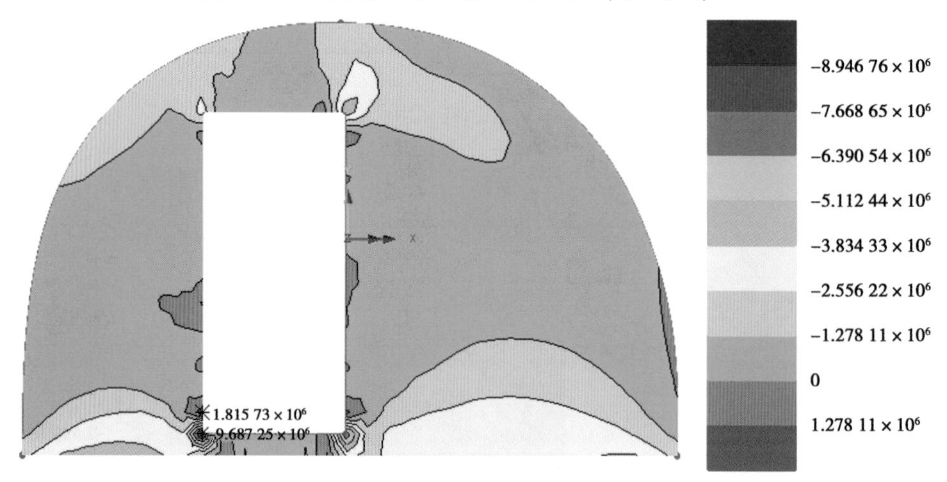

图 5-78　检修工况下最大主应力　(单位:Pa)

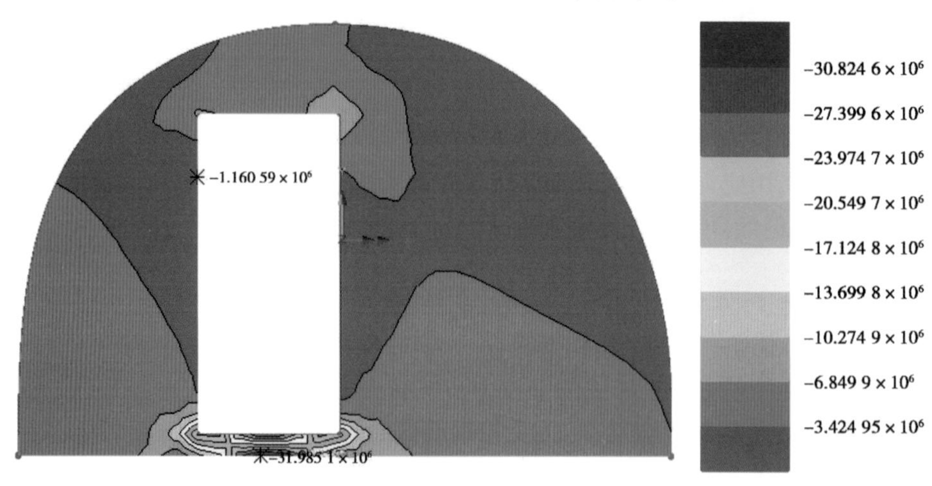

图 5-79　检修工况下最小主应力　(单位:Pa)

表 5-41　封堵段检修通道配筋计算结果

剖面位置	顶部	左侧边	右侧边	底部
应力图形面积(MN)	0.83	0.71	0.73	0.92
钢筋抗拉强度(N/mm^2)	420	420	420	420
结构系数 γ_d	1.2	1.2	1.2	1.2
计算所需钢筋面积(mm^2)	2 371	2 029	2 086	2 629
拟采用的钢筋直径(mm)	28	28	28	28
单根钢筋面积(mm^2)	616	616	616	616
计算所需钢筋根数(根)	4	4	4	5
实配钢筋根数(根)	5	5	5	5
实配钢筋面积(mm^2)	3 080	3 080	3 080	3 080

5.6　隧洞进口设计

输水隧洞进口布置在静水池之后,后接输水隧洞,主要是为了将静水池的水平顺地引入输水隧洞,采用无闸门控制方式。

进口底板高程为 1 266.90 m,顶高程为 1 277.00 m,正常蓄水位为 1 271.73 m。进口底板厚 2.0 m,与静水池底板连接,分缝处采用铜止水。进口边墙厚 1.5 m,采用椭圆线与静水池边墙连接,分缝处采用铜止水和 PVC 两道止水。进口与输水隧洞 9.2 m×9. 2 m 方形断面连接,分缝处采用 PVC 止水。进水口顶部布置宽 3.5 m、厚 0.9 m 的交通桥连接左右两侧的交通。

为保证进口上部高边坡的稳定性,防止边坡掉块、落石等进入输水隧洞,对进口范围内的边坡设计了贴坡钢筋混凝土(见图 5-80),最小厚度 1.0 m。

图 5-80　输水隧洞进口边坡开挖与支护

进口边墙两侧所受外水压力及土压力均对称分布,不需要进行稳定分析。同时,进口的受力条件与静水池边墙相同,因此结构分析采用与静水池边墙相同的计算结果。为保证在检修条件下边墙的结构稳定,在边墙外侧布置Φ 25,L=4 m,间排距 1.5 m×1.5 m 的锚杆。

5.7 隧洞出口设计

输水隧洞出口位于 Granadillas 河沟右岸,低中山地貌。Granadillas 河沟呈 V 字形,两岸中小规模各级支沟众多,河谷深切,植被发育。输水隧洞出口与调蓄水库库尾相连,边坡高程 1 221.00~1 283.00 m。输水隧洞出口段地层岩性见图 5-81。输水隧洞出口边坡见图 5-82。

图 5-81　输水隧洞出口段地层岩性

5.7.1 隧洞出口布置

输水隧洞出口布置出口闸,后接护坦及消力池与调蓄水库连接。

出口闸由底板、边墙、胸墙、工作桥、回填混凝土等构成,上游与输水隧洞出口渐变段连接,下游与消力池连接。底板高程为 1 224.00 m,闸室顶高程为 1 237.50 m,排架顶高程为 1 243.50 m,排架顶布置钢结构启闭机房。最大运行水位为 1 229.50 m,设计洪水位为 1 231.85 m。出口闸布置有 8.2 m×8.2 m 的检修平板闸门。出口闸总长 20 m,前 10 m 过流断面宽 8.2 m,10 m 后以 10°的扩散角与消力池连接。闸墩总厚 2 m,高 13.5 m,在上游胸墙 1 234.20 m 高程布置宽 2.5 m 的检修平台,在下游胸墙 1 233.50 m 高程布置宽 2 m 的检修平台,工作桥宽 1.4 m。

出口闸为输水隧洞 TBM2 的进口,因此底板设计考虑与 TBM 轨道滑行相结合,采用一、二期混凝土的方式。底板宽 20 m、长 20 m,闸墩外侧与开挖边坡之间回填素混凝土。底板总厚 2 m,TBM 轨道厚 0.46 m,原设计为 TBM 轨道拆除后回填高强度无收缩混凝土,

图 5-82　输水隧洞出口边坡

后由于施工单位要求采用常规混凝土施工而变更了二期混凝土的尺寸及增加钢筋网来满足温控和结构要求。底板布置长 9 m，间排距 2 m×2 m 的固结灌浆孔。

出口闸顶部布置有排架，排架顶高程为 1 243.50 m，高为 6 m。排架顶部布置钢结构的启闭机房。由于排架的高度低于检修闸门的高度，因此正常情况下无法将闸门从排架吊出，若闸门需吊出进行检修，需拆卸启闭机房及其混凝土板后，方可运用吊车吊出。因此，启闭机房及混凝土板等的设计均考虑了后期出口闸的运用条件，满足拆卸的要求。

输水隧洞出口闸位置示意图见图 5-83。

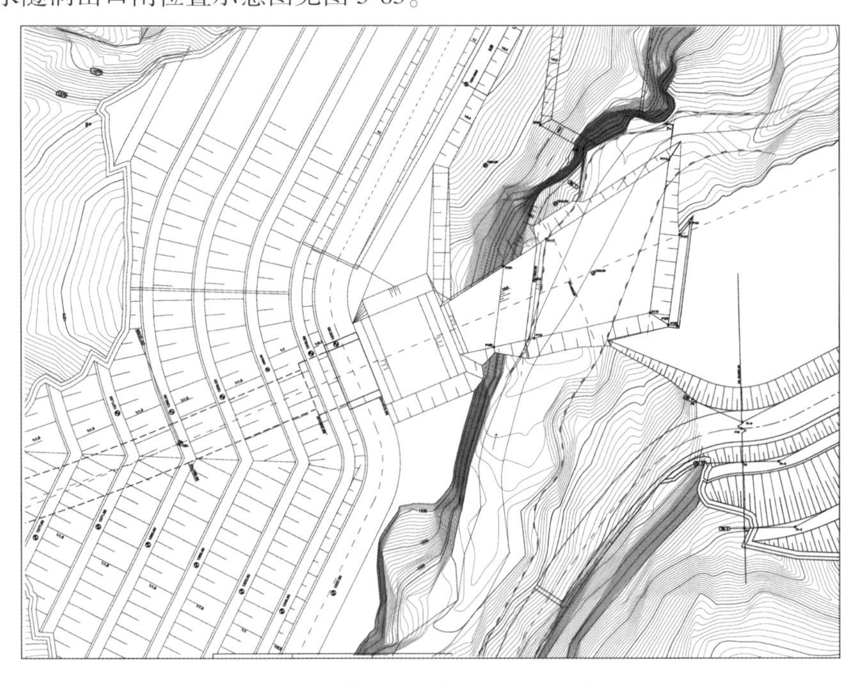

图 5-83　输水隧洞出口闸位置示意图

出口闸上游与输水隧洞出口圆变方渐变段连接，连接处的孔口尺寸为 8.2 m×8.2 m。出口闸自上游向下游布置有胸墙、上游检修平台、8.2 m×8.2 m 的检修平板闸门、下游检修平台、工作桥，顺水流方向总长 20 m。

闸室最大运行水位为 1 229.50 m，设计洪水位为 1 231.85 m。闸室底板高程为 1 224.00 m，底板厚度为 2 m，底板宽 20 m、长 20 m。底板布置长 9 m，间排距 2 m×2 m 的固结灌浆孔。

输水隧洞 TBM2 自出口闸进洞，因此底板设计考虑与 TBM 轨道滑行相结合，采用一、二期混凝土的方式。底板总厚 2 m，TBM 轨道厚 0.46 m，原设计为 TBM 轨道拆除后回填高强度无收缩混凝土，后由于施工单位要求采用常规混凝土施工而变更了二期混凝土的尺寸及增加钢筋网来满足温控和结构要求。

闸室顶高程为 1 237.50 m，闸墩厚 2 m、高 13.5 m。上游 10 m 过流断面宽 8.2 m，下游 10 m 闸墩以 10°的扩散角与消力池连接，连接处过流断面宽 11.72 m。闸墩外侧与开挖边坡之间回填素混凝土。

上游胸墙高 5.3 m、宽 8.2 m，在过流顶面以上 2 m 处(1 234.20 m 高程)布置宽 2.5 m 的检修平台，下游 1 233.50 m 高程布置宽 2 m 的检修平台，平台底板厚 0.8 m，顶部布置工作桥，宽 1.4 m、厚 0.8 m。

检修闸门采用液压拉杆启闭，闸顶布置 4 根排架柱，柱子尺寸为 1.0 m×1.6 m，基础位于边墙及回填混凝土之间。排架顶高程为 1 243.50 m，排架高为 6 m。排架顶布置检修闸门的启闭设备。排架柱在上下游方向中心线距离为 3.6 m，在左右岸方向中心线距离为 12.2 m，在左右岸方向设置斜梁加强排架柱的刚度。

输水隧洞出口闸的纵剖面图、闸顶平面布置及下游立视图分别见图 5-84～图 5-86。

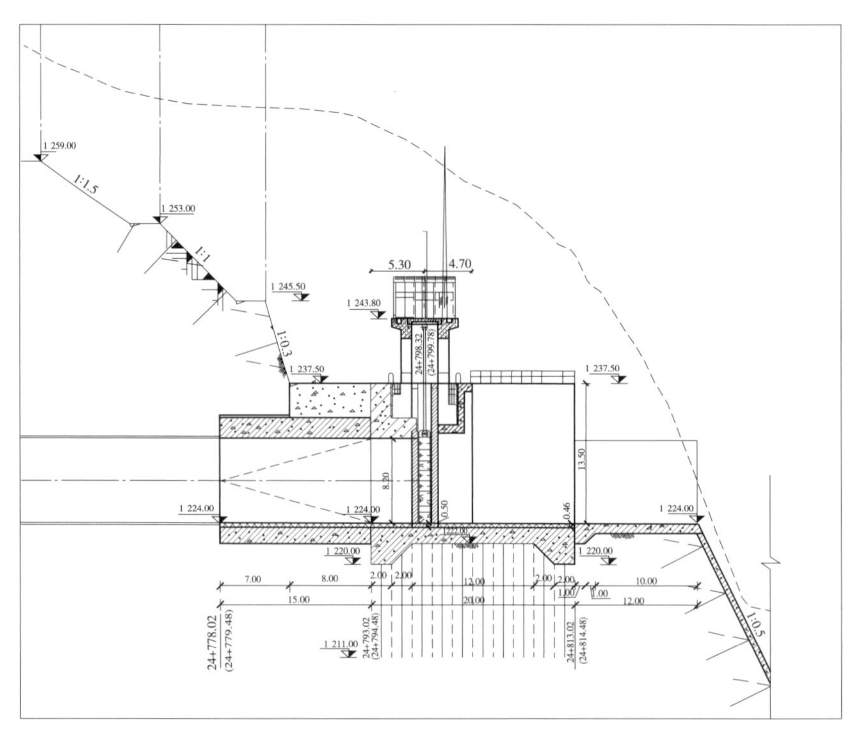

图 5-84　输水隧洞出口闸的纵剖面图　(单位:m)

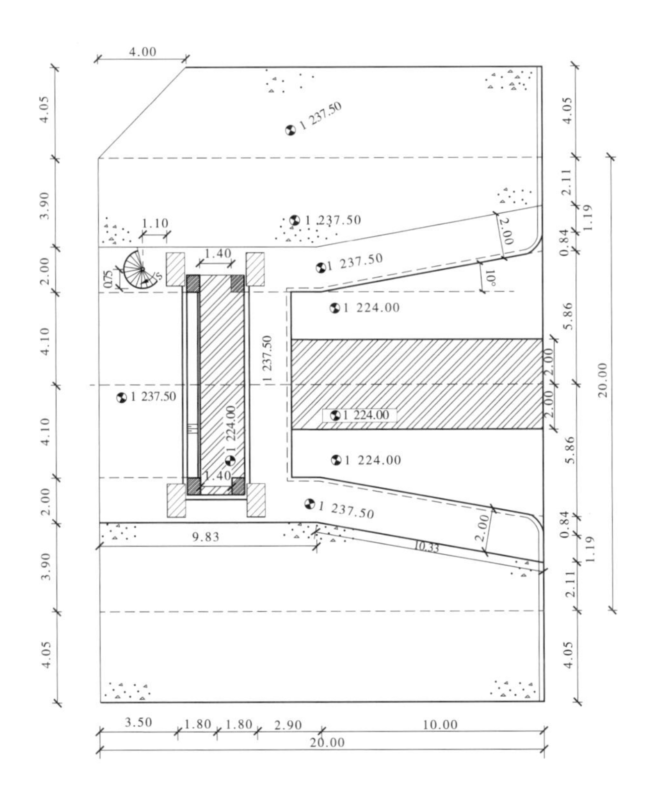

图 5-85　输水隧洞出口闸顶平面布置图　（单位：m）

排架顶部为检修平台，检修平台宽 6.4 m、长 15.6 m。检修平台中间布置有钢结构的启闭机房，底部坐落于混凝土板上。由于排架的高度低于检修闸门的高度，故正常情况下无法将闸门从排架吊出，若闸门需吊出进行检修，需拆卸启闭机房及其混凝土板后，方可运用吊车吊出。因此，启闭机房及混凝土板等的设计均考虑了后期出口闸的运用条件，满足拆卸的要求。启闭机房两侧为检修闸门的液压拉杆及其钢架。在下游的左右侧布置两个避雷针。检修平台上游侧布置电缆沟，尺寸为 0.5 m×0.5 m，电缆通过混凝土板内埋管到达启闭机房。下游布置油管沟，尺寸为 0.5 m×0.4 m。闸顶至检修平台通过螺旋楼梯进行连接。

出口闸室检修平台的平面布置图见图 5-87。

5.7.2　闸室稳定及地基应力计算

根据美国规范 *Stability Analysis of Concrete Structures* EM 1110-2-2100 及 *Structural Design and Evaluation of Outlet Works* EM 1110-2-2400进行闸室的稳定及地基应力。

抗滑稳定计算按照下式进行：

$$FS_s = \frac{N\tan\phi + cL}{T} \tag{5-22}$$

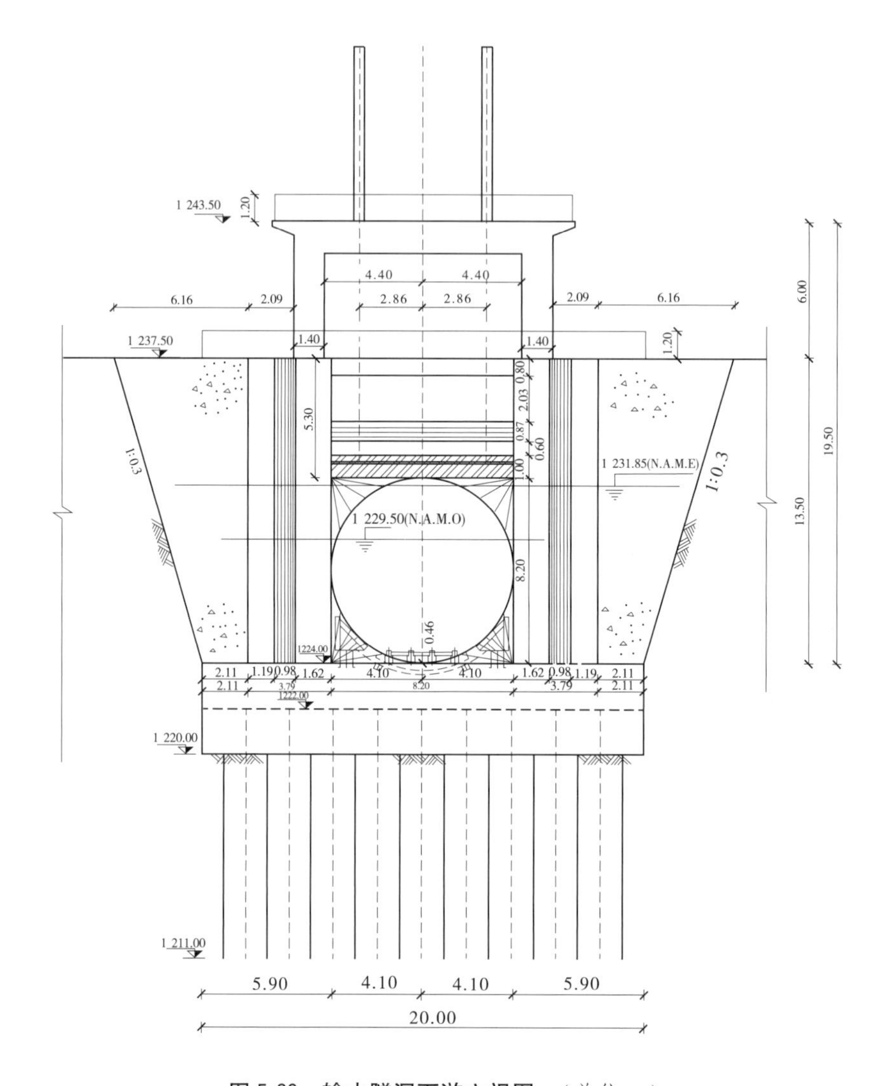

图 5-86　输水隧洞下游立视图　(单位:m)

抗滑稳定安全系数见表 5-42。

抗浮稳定计算按照下式进行计算:

$$FS_{\mathrm{f}} = \frac{W_{\mathrm{s}} + W_{\mathrm{c}} + s}{U - W_{\mathrm{G}}} \tag{5-23}$$

抗浮稳定安全系数见表 5-43。

基底应力按照下式进行计算:

$$\sigma = \frac{\sum V}{A} \pm \frac{\sum M_x y}{J_x} \pm \frac{\sum M_y x}{J_y} \tag{5-24}$$

基底应力要求见表 5-44。

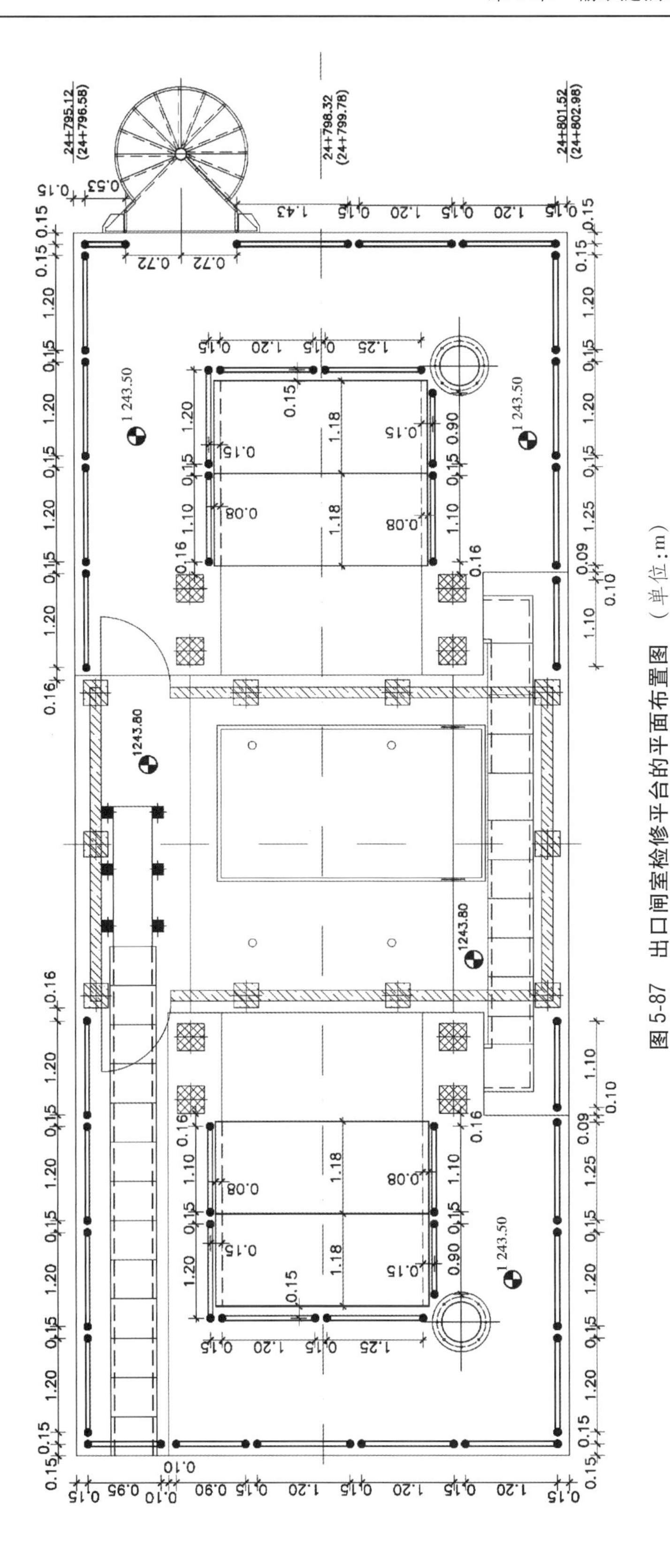

图 5-87　出口闸室检修平台的平面布置图　（单位：m）

表 5-42 抗滑稳定安全系数

场地类型	荷载工况		
	U	UN	E
良好	1.4	1.2	1.1
一般	1.5	1.3	1.1
受限	3.0	2.6	2.2

表 5-43 抗浮稳定安全系数

场地类型	荷载工况		
	U	UN	E
所有类型	1.3	1.2	1.1

表 5-44 基底应力要求

场地类型	荷载工况		
	U	UN	E
所有类型	基础范围内均为压应力	75%基础范围内为压应力	合力在基础内

计算中考虑的输水隧洞出口闸室稳定计算工况组合见表 5-45。

表 5-45 计算中考虑的输水隧洞出口闸室稳定计算工况组合

工况	荷载描述
U1	正常蓄水位（1 229.50 m），闸门开启
U2	正常蓄水位（1 229.50 m），闸门关闭
U3	最小水位（1 216.00 m），闸门开启
UN1	最大洪水位（1 231.85 m），闸门开启
UN2	最大洪水位（1 231.85 m），闸门关闭
UN3	完建
E1	最大设计地震，闸门开启
E2	最大设计地震，闸门关闭

计算中考虑的输水隧洞出口闸室稳定计算荷载组合见表 5-46。

表 5-46　计算中考虑的输水隧洞出口闸室稳定计算荷载组合

工况	荷载组合				
	自重	水压力	扬压力	地震荷载	地震动水压力
U1	√	√	√		
U2	√	√	√		
U3	√	√	√		
UN1	√	√	√		
UN2	√	√	√		
UN3	√				
E1	√	√	√	√	√
E2	√	√	√	√	√

计算成果表明,结构满足稳定及地基承载力的要求。

5.7.3　闸室结构计算

出口闸室的结构计算已批准,但由于后期设计中增加了上下游的检修平台,计算准则及计算书均重新提交并也获得批准。

5.7.3.1　计算方法

闸室的结构计算运用有限元方法,采用 ANSYS 国际通用计算软件模拟出口闸结构,计算出结构的内力,根据美国规范计算出所需的钢筋。主要参考美国规范 *Stability Analysis of Concrete Structures* EM 1110-2-2100、*Structural Design and Evaluation of Outlet Works* EM 1110-2-2400、*Strength Design for Reinforced - concrete Hydraulic Structures* EM 1110-2-2104、*Building Code Requirements for Structural Concrete* ACI 318-08 进行相应的计算。

出口闸室结构计算的方法及步骤如下:

(1)选取计算的典型断面,在结构变化处选取了 5 个典型的计算断面进行计算。

(2)分析荷载工况及荷载组合,计算各个工况下作用在典型断面上的荷载并按照规范选取合适的荷载系数计算出最终的荷载。

(3)根据典型断面建立二维模型。

(4)运用 ANSYS 计算各个工况下不同计算断面的内力(含弯矩、轴力、剪力)。

(5)根据计算出来的内力进行配筋计算。

5.7.3.2　计算典型断面

根据闸室结构,选取了 5 个典型的计算断面进行计算,分别为 1—1、2—2、3—3、*A*—*A*、*B*—*B*。其中,*A*—*A*、*B*—*B* 为增加了检修平台后增加的计算断面。断面位置见图 5-88。

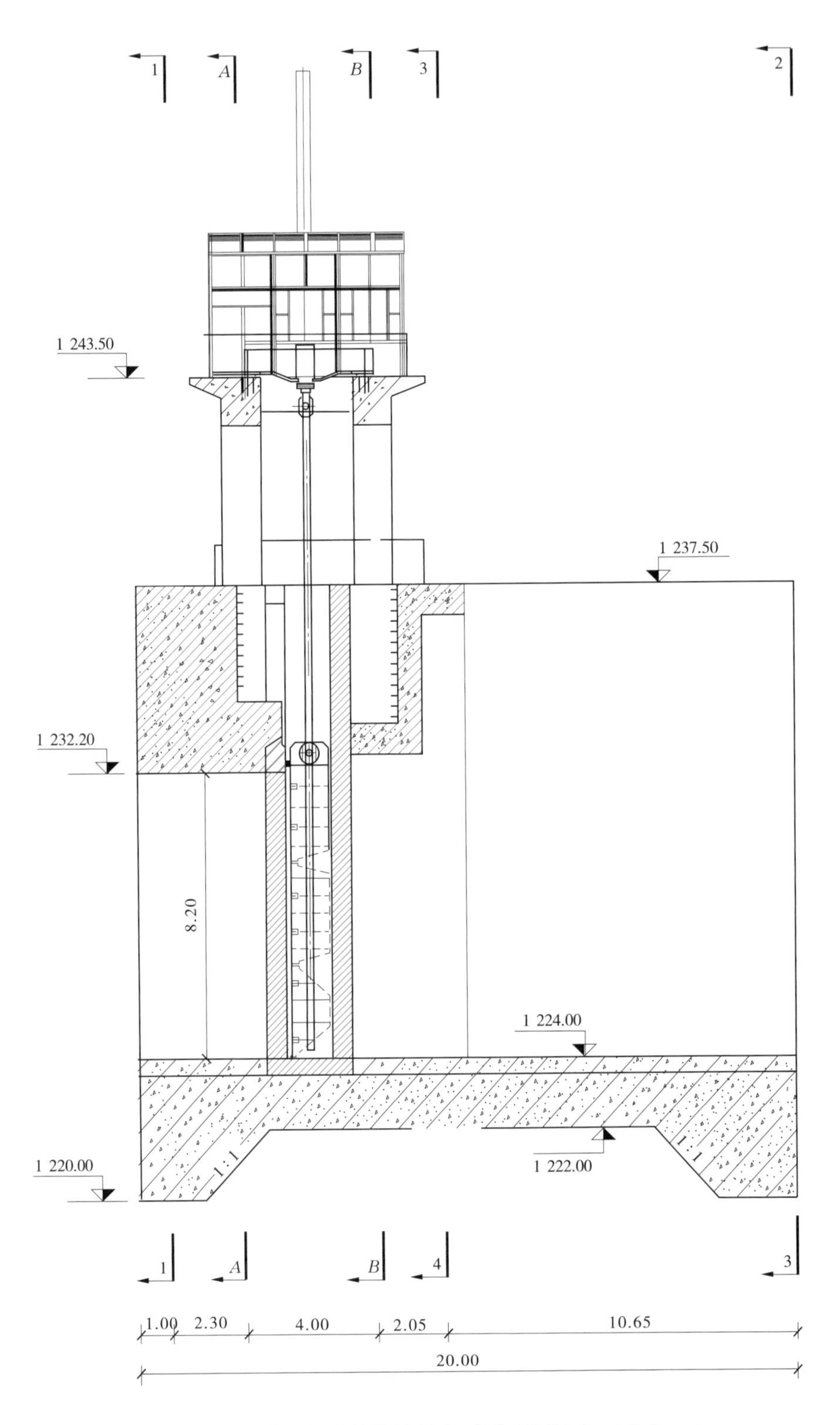

图 5-88　出口闸室结构计算典型剖面位置图　（单位:m）

5.7.3.3　计算工况

输水隧洞出口闸室结构计算考虑的工况组合见表 5-47。

表 5-47　输水隧洞出口闸室结构计算考虑的工况组合

工况	荷载描述
U1	正常蓄水位（1 229.50 m），闸门开启
U2	正常蓄水位（1 229.50 m），闸门关闭
U3	最小水位（1 216.00 m），闸门开启
UN1	最大洪水位（1 231.85 m），闸门开启
UN2	最大洪水位（1 231.85 m），闸门关闭
UN3	完建
UN4	施工期(仅完成底板)
UN5	完建(排架未施工)
E1	最大设计地震,闸门开启
E2	最大设计地震,闸门关闭

5.7.3.4　计算荷载

输水隧洞出口闸室结构计算考虑的荷载组合见表 5-48,各工况荷载简图见图 5-89～图 5-93。

表 5-48　输水隧洞出口闸室结构计算考虑的荷载组合

工况	荷载组合					
	自重	水压力	扬压力	不平衡剪力	地震荷载	地震动水压力
U1	√	√	√			
U2	√	√	√			
U3	√	√	√			
UN1	√	√	√			
UN2	√	√	√			
UN3	√					
UN4	√					
UN5	√					
E1	√	√	√		√	√
E2	√	√	√		√	√

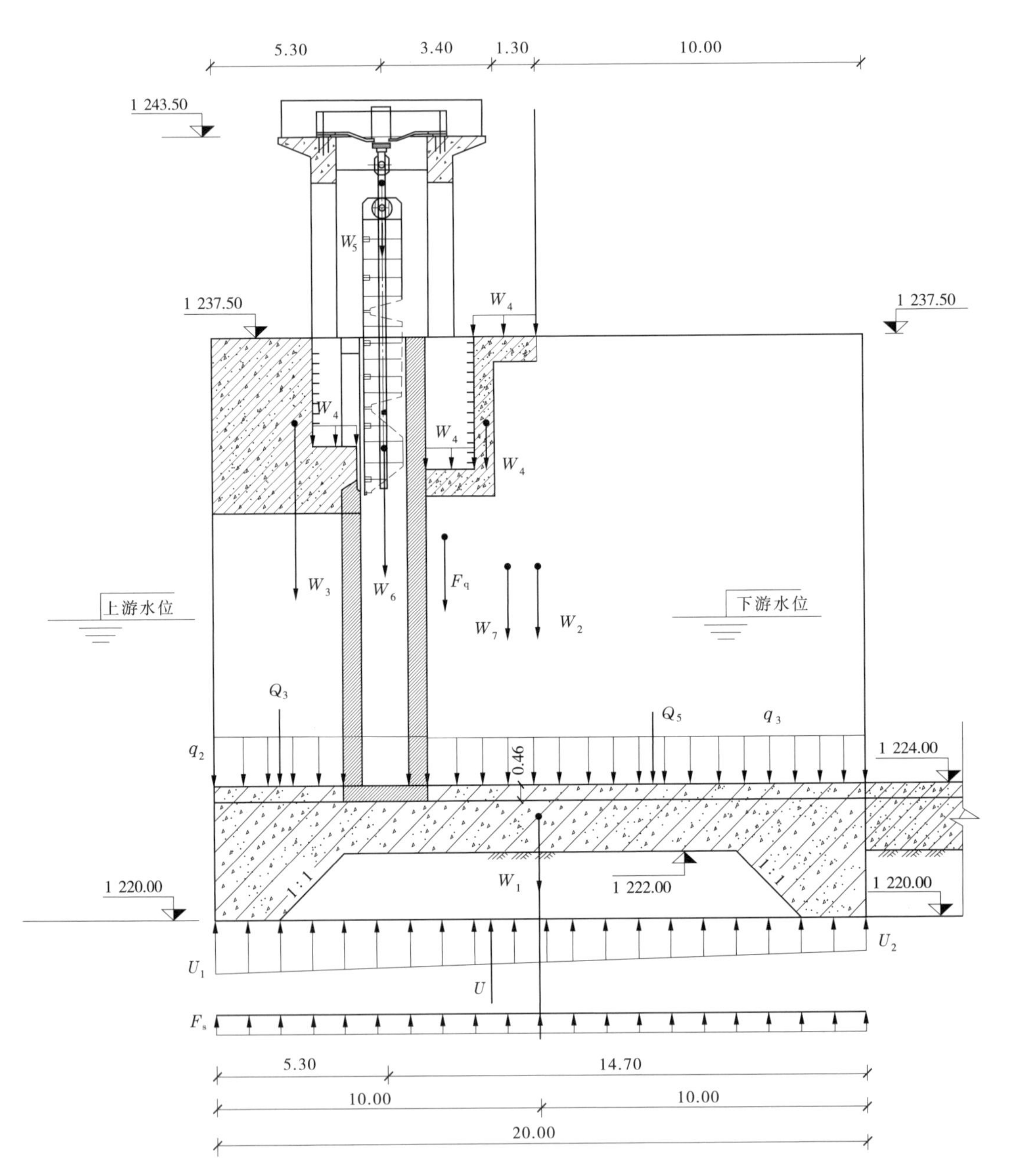

图 5-89 出口闸室结构计算荷载分布图(U1/U3/UN1)(闸门开启) (单位:m)

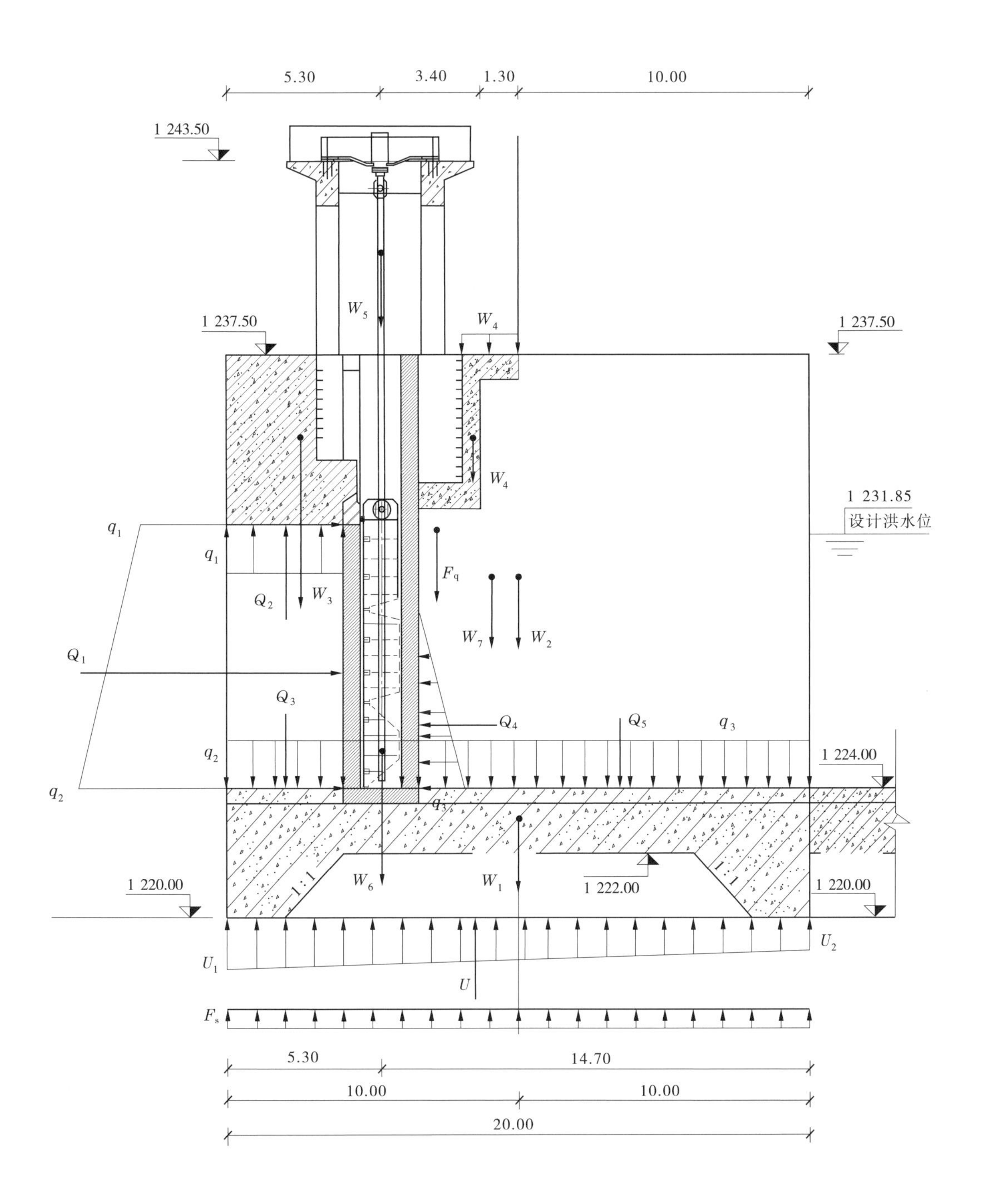

图 5-90　出口闸室结构计算荷载分布图(U2/UN2)(闸门关闭)　(单位:m)

5.7.3.5　计算模型

出口闸室5个典型计算断面的结构计算模型见图5-94~图5-99。

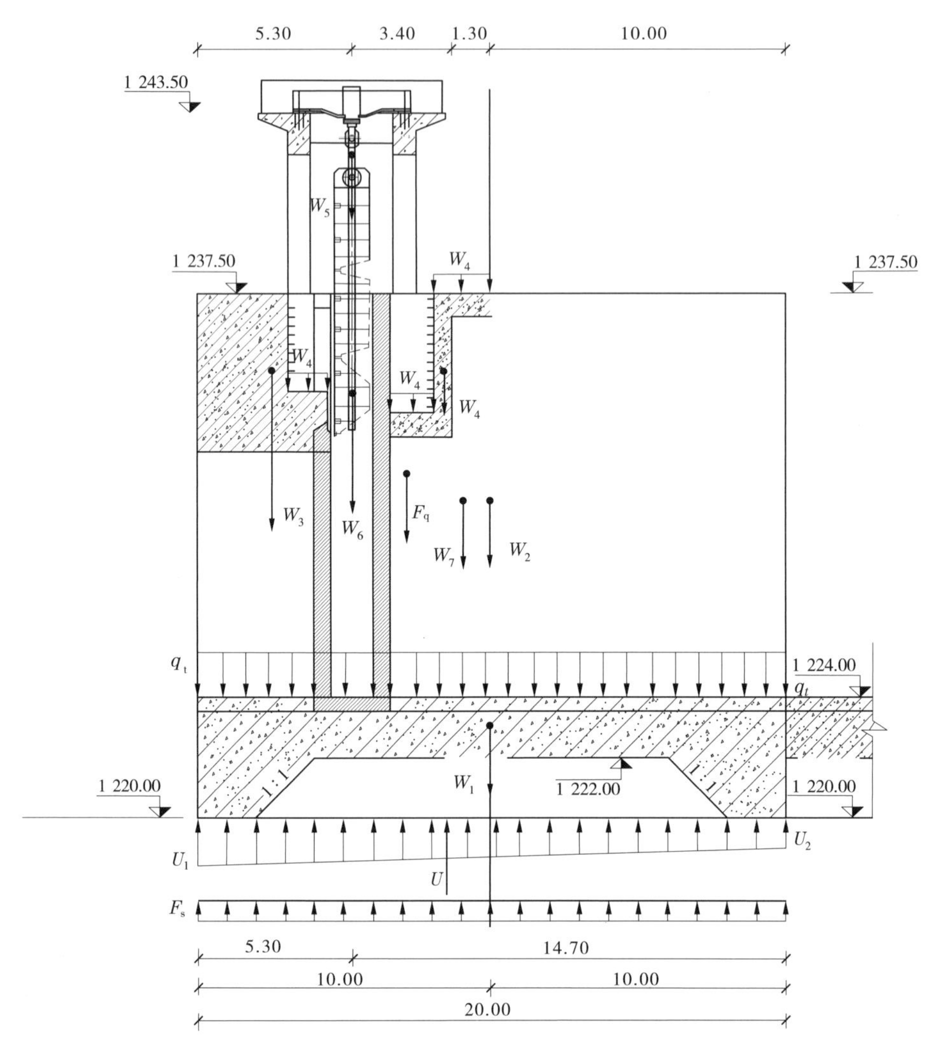

图 5-91　出口闸室结构计算荷载分布图(UN3)(闸门开启)　(单位:m)

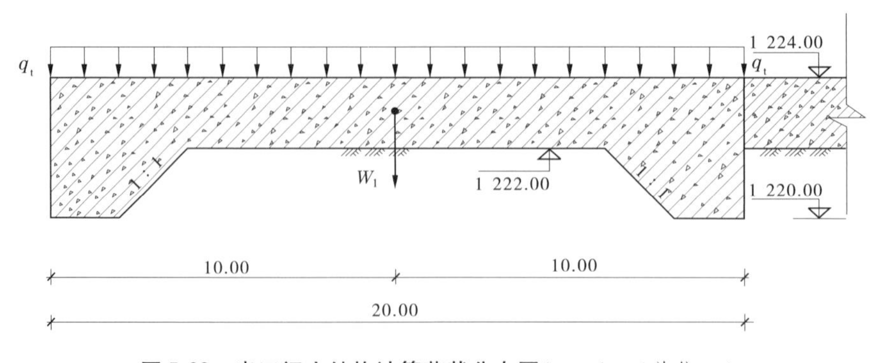

图 5-92　出口闸室结构计算荷载分布图(UN4)　(单位:m)

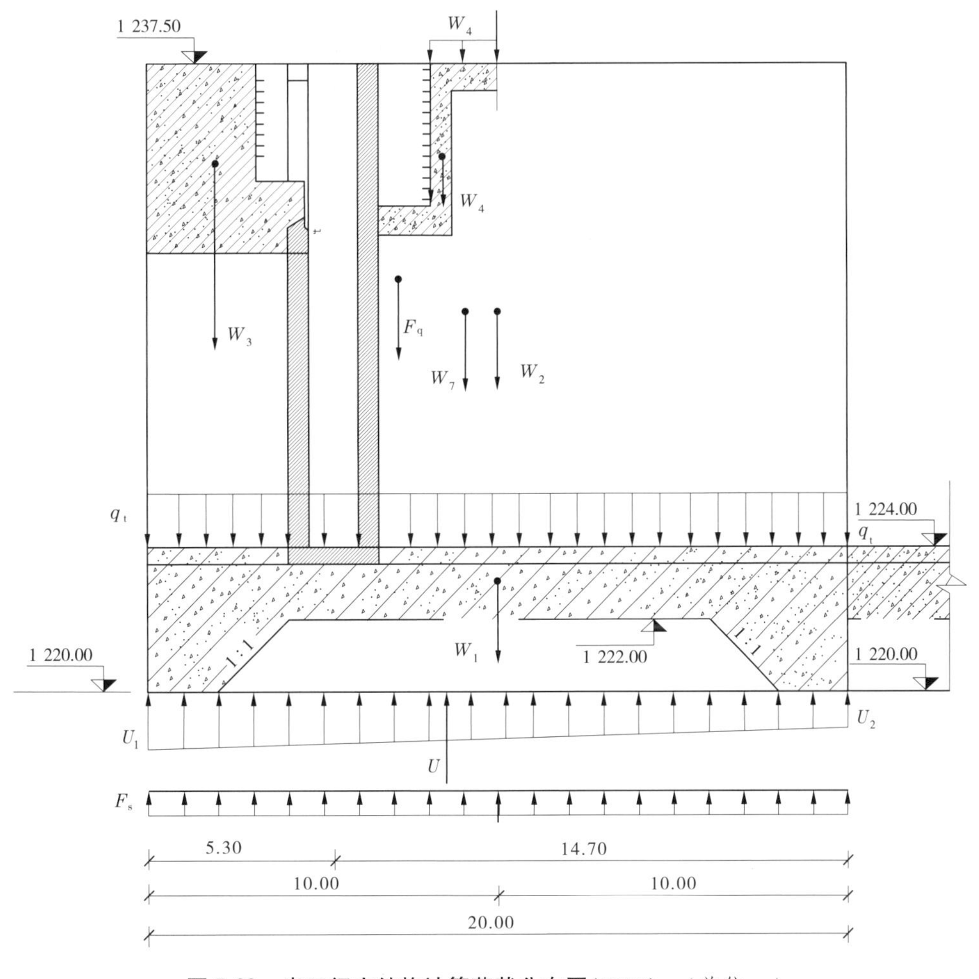

图 5-93　出口闸室结构计算荷载分布图(UN5)　(单位:m)

5.7.3.6　计算结果

通过 ANSYS 计算获得的内力(弯矩、剪力、轴力),经过结构计算,出口闸的配筋结果如下:底板配Φ 32@ 200 的受力筋、Φ 25@ 200 的分布筋;闸墩配Φ 32@ 200 的受力筋、Φ 28@ 200的分布筋;胸墙在检修平台(高程 1 233.50 m)以下配双层Φ 32@ 200 的受力筋、Φ 25@ 200 的分布筋,检修平台(高程 1 233.50 m)以上配单层Φ 32@ 200 的受力筋、Φ 25@ 200 的分布筋;工作桥配Φ 25@ 200 的受力筋、Φ 20@ 200 的分布筋。

5.7.4　排架结构计算

5.7.4.1　结构计算方法

检修通道结构计算工具采用大型有限元软件 SAP2000,计算准则采用美国规范 *Planning and Design of Hydroelectric Power Plant Structures* EM 1110-2-3001;*Strength Design for Reinforced Concrete Hydraulic Structures* EM 1110-2-2104;*Building Code Requirements for Structural Concrete* ACI318 - 11 和厄瓜多尔规范 *Norma Ecuatoriana de Construcción* NEC-11。

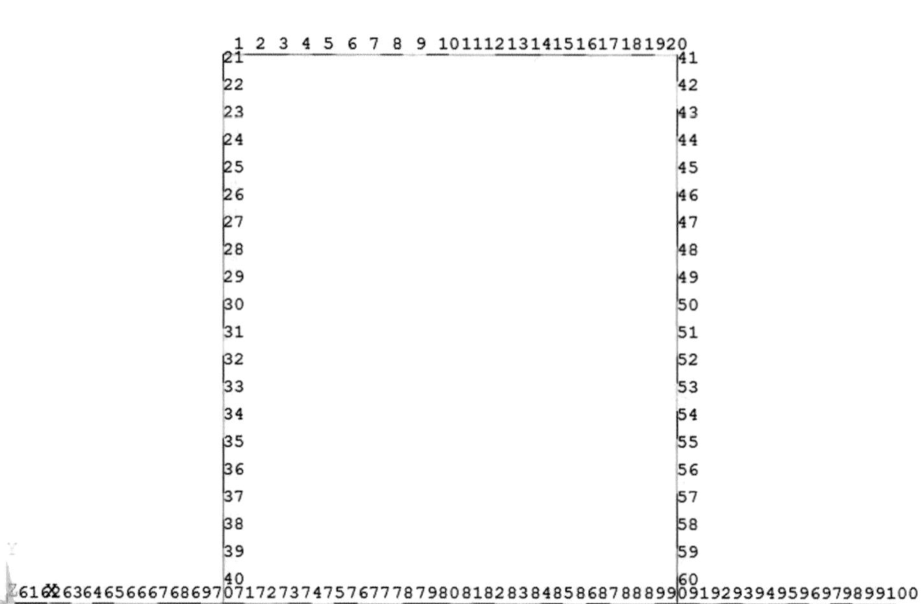

图 5-94　出口闸室结构计算模型(1—1)

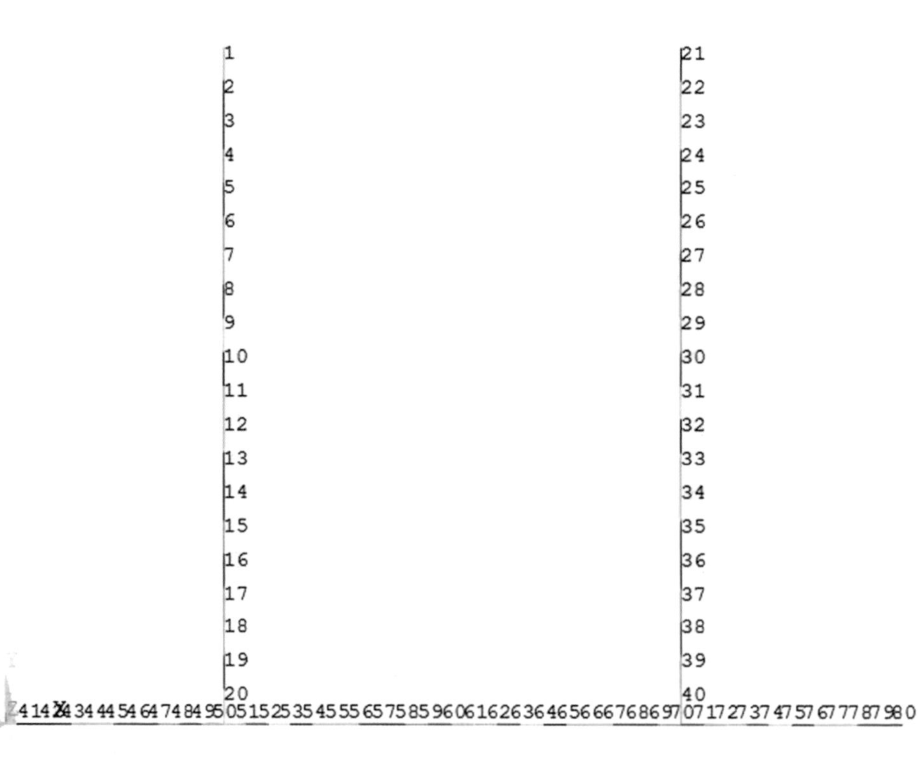

图 5-95　出口闸室结构计算模型(2—2)

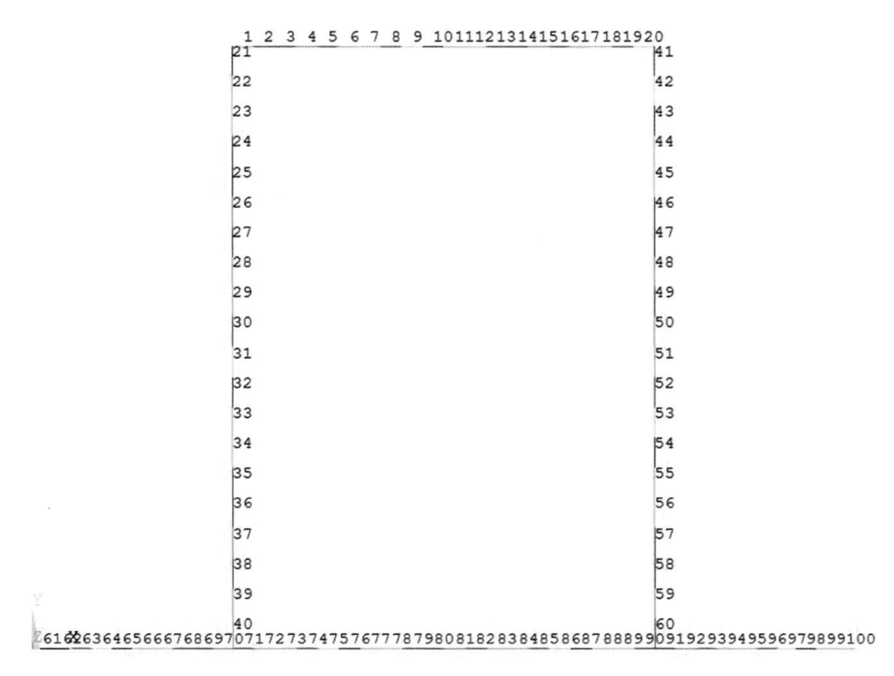

图 5-96　出口闸室结构计算模型(3—3)

图 5-97　出口闸室结构计算模型(1—1/2—2/3—3/*A*—*A*/*B*—*B*)(UN4)

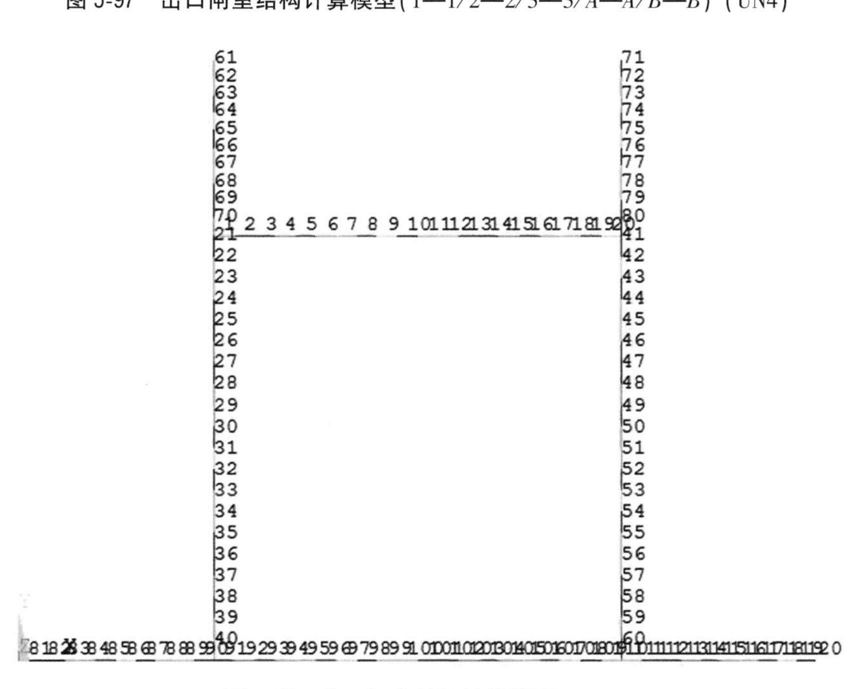

图 5-98　出口闸室结构计算模型(*A*—*A*)

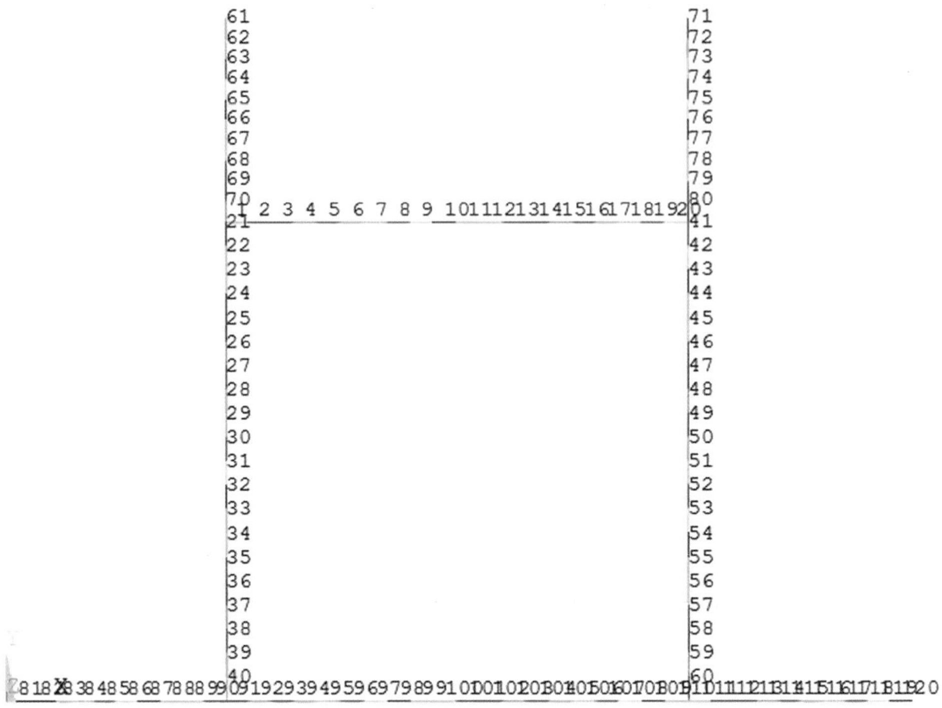

图 5-99　出口闸室结构计算模型(B—B)

5.7.4.2　材料特性

混凝土材料特性和钢筋材料特性见表 5-49、表 5-50。

表 5-49　混凝土材料特性

等级	圆柱体混凝土强度等级	立方体混凝土强度等级	重度(kN/m^3)	弹性模量(GPa)	动态模量(GPa)	剪变模量(GPa)	泊松比
A	C32	C40	25	27.19	35.35	14.14	0.2

表 5-50　钢筋材料特性

钢筋等级	徐变应力 f_y(MPa)	弹性模量 (GPa)
Grade60	420	200

5.7.4.3　计算荷载

1.自重

钢筋混凝土结构衬砌重度 25 kN/m^3。

2.启闭机荷载

该荷载(包括启闭机的自重和启闭荷载)均匀分布在框架结构 1 243.50 m 高程顶部 8 个作用点,如图 5-100 所示:正常运行条件下,当闸门被吊起时,垂直向下的载荷为 407 kN;特殊运行条件下,当闸门关闭时,垂直向上的荷载为 180 kN;当隧洞正常运行时,闸门锁在闸墩上,启闭机自重为 106 kN。

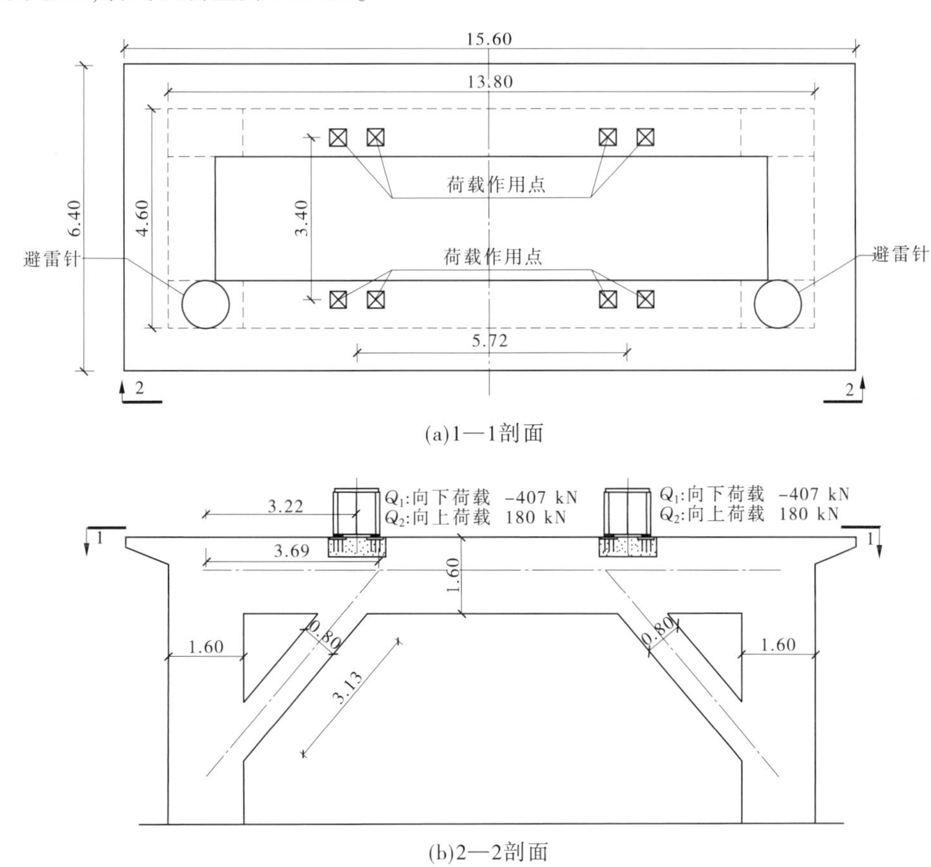

图 5-100　出口框架结构启闭机荷载　(单位:m)

3.启闭机房自重

框架 1 243.50 m 高程顶部布置启闭机房,结构尺寸为 6 m×4 m(长×宽),总质量2 877 kg。该荷载通过节点力施加在框架梁顶部。

4.风荷载

根据厄瓜多尔规范 NEC-11,第 1 章　1:材料与荷载,风荷载按照以下公式进行计算:

$$P = \frac{1}{2}\rho \cdot v_{\mathrm{b}}^{2} \cdot c_{\mathrm{e}} \cdot c_{\mathrm{f}} \tag{5-25}$$

式中:P 为风压,Pa 或 N/m^2;ρ 为空气密度,可取 1.25 kg/m^3;v_{b} 为基本风速,m/s,$v_{\mathrm{b}} = v \cdot \sigma$,$v$ 为最大风速,σ 为校正因子,见表 5-51;c_{e} 为环境/高度因子, 假定为 1.00;c_{f} 为形状系数,按照规范取 2.0。

5.避雷针荷载

在框架柱顶部 1 243.50 m 高程平台,靠近下游侧的两根柱子上布置两根长约 19 m 的圆筒结构的避雷针,重约 925 kg,避雷针基础的标准荷载如表 5-52 所示。

表 5-51 校正因子 σ

高度(m)	无障碍物(A 类)	低障碍物(B 类)	建筑群(C 类)
5	0.91	0.86	0.80
10	1.00	0.90	0.80
20	1.06	0.97	0.88
40	1.14	1.03	0.96
80	1.21	1.14	1.06
150	1.28	1.22	1.15

注:A 类:在海边、乡村或开放的空间,没有障碍的建筑物;B 类:低障碍物;C 类:城市的高建筑物。假定基本风速为 75 km/h。

表 5-52 避雷针基础的标准荷载

工况	弯矩 M_k(kN·m)	轴力 N_k(kN)	剪力 Q_k(kN)
正常运行	18.87	2.26	9.25

6.活荷载

根据 EM 1110-2-3001,活荷载可取 300 lb/ft^2,相当于 14.36 kN/m^2。

7.启闭机泵荷载

启闭机泵的总重量是 21.35 kN,布置在框架结构顶部 1 243.50 m 平台、启闭机房底板上。

8.钢盖板荷载

框架结构顶部两侧布置有 2 个钢盖板结构,1 个钢盖板的总重量是 1.89 kN。

9.地震荷载

地震荷载根据厄瓜多尔规范 *Norma Ecuatoriana de La Cinstruccion* NEC-11 的第 2 章,按照拟静力法,由程序自动施加。

5.7.4.4 计算工况

检修通道结构计算工况如表 5-53 所示。

表 5-53 检修通道结构计算工况

工况		自重	启闭机房荷载	钢盖板荷载	风荷载	启闭机荷载	活荷载	地震荷载	避雷针荷载	启闭机泵荷载
正常组合	启门	√	√	√	√	√	√		√	√
	闭门	√	√	√	√	√	√		√	√
特殊组合	地震	√	√	√	√	√	√	√	√	√

5.7.4.5 计算模型

框架结构采用梁单元进行建模,框架柱顶部混凝土板采用二维平面单元进行建模,有限元计算模型如图 5-101、图 5-102 所示，首先对混凝土板进行计算，然后把框架柱顶部混凝土板计算结果作用边界条件施加在框架结构有限元模型上，如图 5-103 所示。

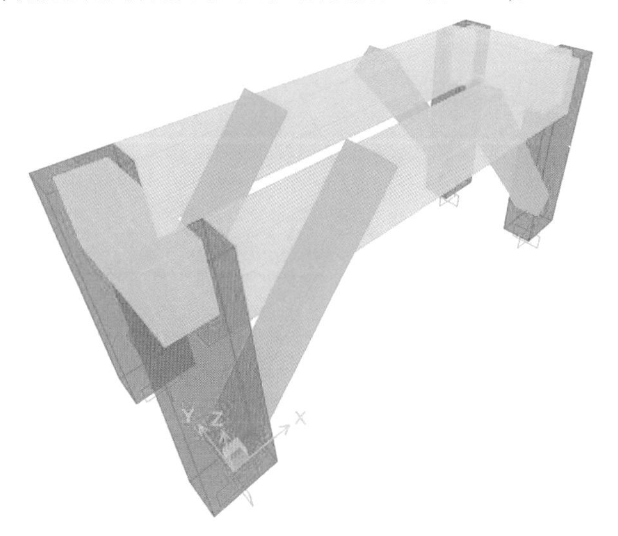

图 5-101　框架结构有限元计算模型示意图

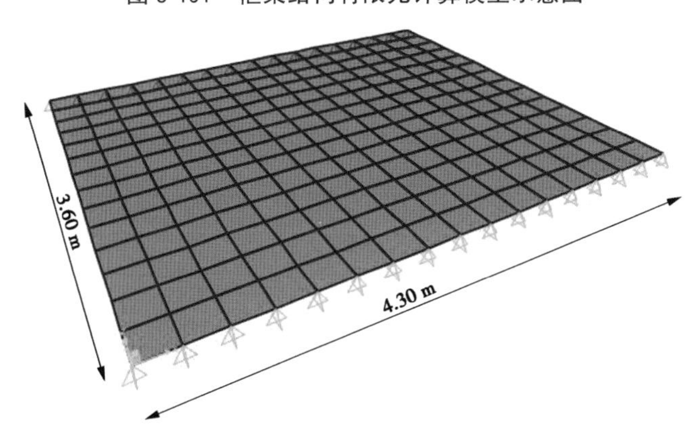

图 5-102　框架顶部混凝土板有限元计算模型示意图

5.7.4.6　计算结果

根据计算结果进行结构配筋，结果如表 5-54~表 5-56 所示。

表 5-54　主梁配筋

断面（m×m）	上部钢筋	计算的钢筋面积（mm^2）	底层钢筋	计算的钢筋面积（mm^2）	箍筋
1.0×1.6（长梁）	7 Φ 28	4 310.3	5 Φ 32	4 021.2	2 Φ 20@ 200 1 Φ 20@ 200
1.0×1.6（短梁）	7 Φ 32	5 629.7	7 Φ 32	5 629.7	2 Φ 20@ 200 1 Φ 20@ 200
0.8×0.8	5 Φ 18	1 272.3	5 Φ 12	565.5	2 Φ 10@ 200 1 Φ 10@ 200

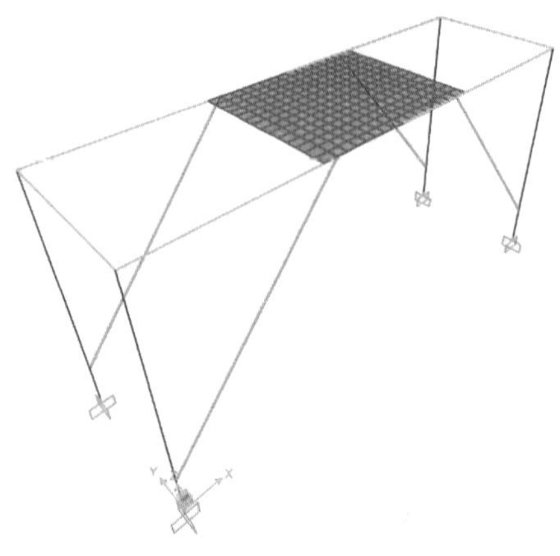

图 5-103　框架结构有限元模型示意图

表 5-55　支梁配筋

尺寸(m×m)	纵向钢筋	计算的钢筋面积(mm^2)	箍筋
1.0×1.6	48 φ 32	38 603.89	2 φ 20 @ 100 和@ 200,L=160 cm 6 φ 20@ 100 和@ 200

表 5-56　悬臂配筋

主筋	横向钢筋
1 φ 28 @ 200	1 φ 28 @ 200

5.8　施工支洞设计

共布置 3 条施工支洞,1#施工支洞进口高程 1 268.13 m,全长 363.15 m,纵坡0.182%,用于 TBM1 出洞和拆卸。2A#施工支洞进口高程约 1 241.40 m,全长 1 646.18 m,用于 TBM1 进洞施工。2B#施工支洞进口高程约 1 241.40 m,全长 1 660.92 m,用于 TBM2 进洞施工。

1#施工支洞采用钻爆法施工,成洞洞径 9.1 m。根据地质条件,施工支洞开挖洞径 9.3~9.5 m,采用喷锚网支护,支护厚度 10~20 cm。

2A#施工、2B#施工支洞采用钻爆法和 TBM 联合施工。根据地质条件,PK0+000~PK0+525 采用钻爆法开挖,成洞洞径 9.1 m,开挖洞径 9.3~9.5 m,采用喷锚网和钢支撑联合支护,支护厚度 10~20 cm;PK0+525~PK1+660.92 采用 TBM 开挖,成洞洞径9.1~8.2 m,Ⅱ、Ⅲ类围岩 TBM 开挖后适当喷混凝土,Ⅳ、Ⅴ类围岩采用双护盾 TBM 施工,管片衬砌。

5.9　施工支洞封堵设计

5.9.1　封堵体长度设计

输水隧洞沿线有1#施工支洞、2A施工支洞、2B-1施工支洞需进行封堵。

封堵体承受的基本荷载有内水压力、渗透压力、自重、地震荷载以及周边所承受的围岩压力等。

封堵体的破坏有以下两种情况：正常运行工况设计内水压力作用下及地震工况水锤压力作用下的剪切破坏和滑动破坏。

封堵体的最小长度可按结构力学方法求出，其长度必须满足在设计水头或地震动水压力的总推力作用下封堵体仍保持稳定。正常运行工况安全系数采用3.0，地震工况安全系数采用1.1。

当封堵体长度小于隧洞最大断面尺寸时，还按照深梁受弯构件验算其所需的最小封堵长度，计算表明采用这种方法计算所需的封堵体长度较小，不是控制工况。

各施工支洞的封堵体长度计算值及采用值见表5-57。

表5-57　各施工支洞的封堵体长度计算值及采用值

封堵体位置	封堵体长度(m)			
	计算所需最小值			实际采用值（封堵体中心线长度）
	运行工况	地震工况	深梁	
1#施工支洞	0.66	2.66	1.78	26.25
2A施工支洞	0.56	2.34	1.51	33.01
2B-1施工支洞	0.59	2.47	0.93	5.00

注：1#施工支洞、2A施工支洞与输水隧洞主洞呈小角度斜交，因此封堵体中心线实际长度较长。

5.9.2　封堵段布置

输水隧洞贯通后，对1#施工支洞、2A施工支洞、2B-1施工支洞进行全断面封堵，封堵混凝土采用C级素混凝土(28 d混凝土抗压强度21 MPa)。

封堵前应完成封堵段输水隧洞主洞的回填灌浆。

封堵混凝土浇筑之后，会因混凝土的温缩或干缩等，在封堵混凝土与岩面之间、封堵混凝土与隧洞边、顶拱原衬砌混凝土的接合面之间产生缝隙，因此应在这些部位进行接缝灌浆。

在封堵混凝土浇筑之前应预先布设接缝灌浆系统，封堵混凝土浇筑时应采取温控措施。接缝灌浆应在封堵混凝土强度达到70%以上、混凝土温度降至或接近稳定温度后方可实施，并在封堵体承受荷载之前完成。接缝灌浆压力0.3~0.5 MPa。

第6章

隧洞灌浆与排水

6.1　管片豆砾石回填与灌浆

衬砌混凝土管片外侧与围岩之间的环形空隙用豆砾石、水泥浆及水泥砂浆回填密实。

每环管片安装完成后立即进行底拱水泥砂浆回填。底拱 90°范围内采用流动性好的水泥砂浆回填。

每环管片底部水泥砂浆充填后应及时进行豆砾石回填，回填范围为边拱、顶拱 270°范围内。豆砾石回填前应清理洞壁岩粉，然后按自下而上的顺序回填豆砾石，且要保证充填密实。

在完成豆砾石回填后尽早进行豆砾石回填灌浆。灌浆按环间分序、环内自下而上的原则进行。回填灌浆的压力宜控制在 0.2~0.3 MPa，局部特殊条件可增加到 0.5 MPa。灌浆结束后，应排除孔内积水和污物，采用微膨胀水泥砂浆将全孔封堵密实并抹平。

6.2　TBM 段固结灌浆

对于采用 TBM 开挖的隧洞，在Ⅳ、Ⅴ类围岩洞段进行固结灌浆。

Ⅳ类围岩洞段：固结灌浆孔排距 3.6 m，利用管片手孔作为灌浆孔，每排 7 孔，入岩4.5 m；Ⅴ类围岩洞段：固结灌浆孔排距 1.8 m，每排 7 孔，入岩 4.5 m。

固结灌浆压力 0.5 MPa。

6.3　钻爆段回填与固结灌浆

6.3.1　回填灌浆

现浇混凝土衬砌洞段，顶拱 120°范围内均进行回填灌浆。回填灌浆孔排距 3 m，每排 3~5 孔，入岩 0.10 m。回填灌浆压力 0.3~0.5 MPa。

6.3.2　固结灌浆

对钻爆段Ⅳ、Ⅴ类围岩洞段进行固结灌浆。

6.3.2.1　隧洞内径 9.2 m 洞段

Ⅳ类围岩洞段：固结灌浆孔排距 3 m，每排 10 孔，入岩 5.0 m。

Ⅴ类围岩洞段:固结灌浆孔排距 2 m,每排 12 孔,入岩 8.0 m。

固结灌浆压力 0.5 MPa。

6.3.2.2 隧洞内径 8.2 m 洞段

Ⅳ类围岩洞段:固结灌浆孔排距 3 m,每排 9 孔,入岩 4.5 m。

Ⅴ类围岩洞段:固结灌浆孔排距 2 m,每排 11 孔,入岩 7.0 m。

固结灌浆压力 0.5 MPa。

6.4 检修通道回填与固结灌浆

6.4.1 回填灌浆

检修通道顶部 90°和主洞封堵段 120°范围内均进行回填灌浆。回填灌浆孔排距 3 m,每排 3 孔,入岩 0.10 m。回填灌浆压力 0.3~0.5 MPa。

6.4.2 固结灌浆

检修通道顶部 90°及主洞封堵段全断面进行固结灌浆,检修通道顶部 90°孔排距 3 m,每排 3 孔,主洞封堵段孔排距 2.6 m,每排 10 孔,入岩 4.5 m。

固结灌浆压力 0.5 MPa。

6.5 隧洞排水

对于Ⅱ~Ⅳ类围岩,根据隧洞开挖后揭示出的地下水情况,有渗水处在隧洞顶拱部位、水面以上设置排水孔。无渗水时可根据现场情况取消排水孔。Ⅴ类围岩洞段全部设置排水孔,排水孔直径 50 mm。排水孔全长设置排水花管。排水花管采用ϕ 40 mm PVC (ϕ 5@ 10 cm),排水花管外包一层透水土工无纺布。

6.5.1 0+000.00~9+878.17 段

钻爆段Ⅱ~Ⅳ类围岩洞段:排水孔排距 3 m,每排 2~4 孔,入岩 2 m。

钻爆段Ⅴ类围岩洞段:排水孔排距 1.5 m,每排 3~5 孔,入岩 4 m。

管片衬砌段:利用管片手孔作为排水孔,排距 2~4 倍环宽,即 3.6~7.2 m,每排 3 孔,入岩 2 m。

6.5.2 9+878.17~24+793.02 段

钻爆段Ⅱ~Ⅳ类围岩洞段:排水孔排距 3 m,每排 2~3 孔,入岩 1 m。

钻爆段Ⅴ类围岩洞段：排水孔排距1.5 m，每排3~4孔，入岩2 m。

管片衬砌段：利用管片手孔作为排水孔，排距2~4倍环宽，即3.6~7.2 m，每排3孔，入岩1 m。

第 7 章

TBM不良地质问题及处理措施

CCS 工程输水隧洞长 24.8 km,TBM 独头掘进最长达 13.713 km,最大埋深约 722 m,根据前期地质资料分析,施工中可能遇到的主要工程问题有断层、地下水、高地应力、地温和放射性气体等。从隧洞施工过程来看,对施工产生较大影响的主要包括断层破碎带塌方和涌水,尤其是 f 500断层和 f 512断层对 TBM 造成卡机事故,影响工期半年以上,下面对其地质情况及处理措施分别阐述。

7.1　TBM1 卡机处理

2014 年 1 月 25 日,TBM1 在掘进至 4254 环时(掌子面桩号 2+201.78 m),出现前盾盾体被卡不能向前推进。打开伸缩盾检查后可见黏土等细颗粒物质,岩体呈碎裂状,破碎、微风化,推测为断层发育,为近南北向(设计阶段未推测此处有断层),伸缩盾左侧岩面完整,右侧破碎。随之采取了一系列措施,加大推力至 100 000 kN、灌注膨润土等,均未能脱困。TBM1 卡机平面位置示意图参见图 7-1。

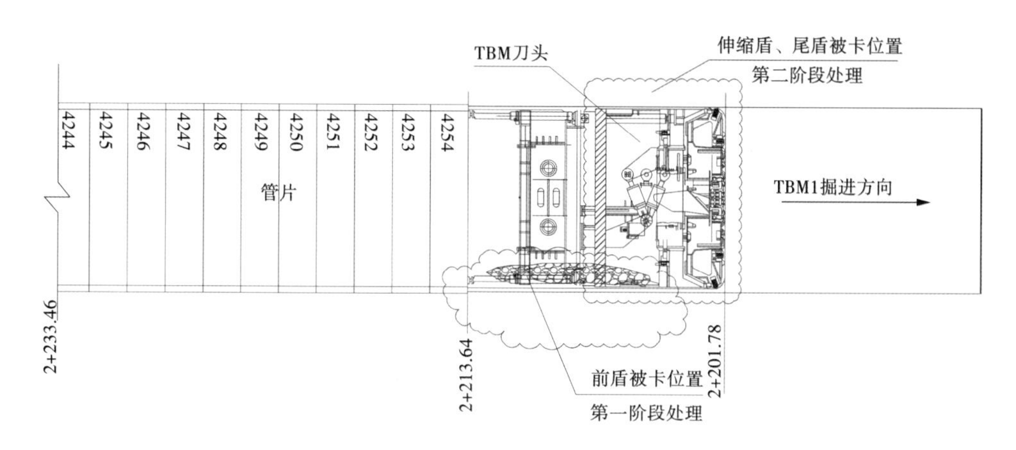

图 7-1　TBM1 卡机平面位置示意图

2014 年 2 月 2 日打开伸缩盾进行岩渣清理,清渣洞长 6 m,断面近似于矩形,断面尺寸为 1.8 m×1.6 m,清渣导洞布置参见图 7-2。

2 月 8 日护盾上部和左侧清渣完毕,准备第二次试推时,突然发生塌方涌水突泥,护盾被埋,块石岩性主要为安山岩及少量角砾岩,棱角状,块径大小不一,多为 2~10 cm,初期水质浑浊,涌水量达 2 200 L/s,约 10 h 后,涌水变清,经过 3~5 d,涌水量逐渐稳定到 400~500 L/s。

7.1.1　TBM1 卡机段揭示地质分析

从 TBM1 卡机处理过程揭示的地质情况综合分析:2+017~2+214 段岩性为侏罗系—白垩系 Misahualli(J-K^{m})地层深灰色安山熔岩和火山凝灰岩,岩体微风化,岩石较坚硬,2+178~2+194 段为断层发育断层 f500,逆断层,走向 NE20°~40°,倾角 60°~70°,宽 8 m,走

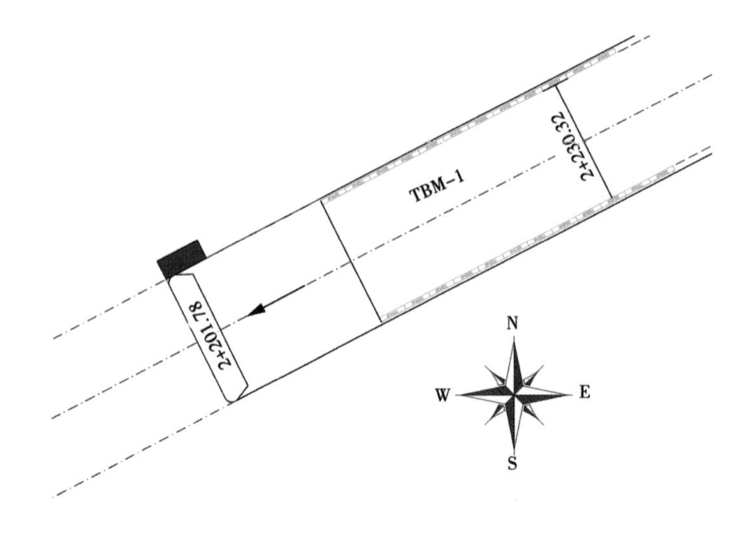

图 7-2　TBM1 卡机初期右侧清渣导洞布置图

向与洞轴线夹角为 20°~40°，延伸较长，岩体破碎，断层沿洞轴线长约 16 m，影响带沿隧洞轴线长约 170 m，断层带内主要为糜棱岩，含断层泥，岩石蚀变严重，碎裂状结构，岩体较破碎，局部洞段塌方严重，涌水严重，2+017.3~2+178 段、2+194~2+214.8 段为断层影响带，影响带内节理裂隙发育，岩体破碎，围岩以Ⅳ、Ⅴ类为主。

f500 断层是造成 TBM1 卡机的主要原因，其位置参见图 7-3。随后由于卡机段清渣洞爆破开挖影响，扰动周边围岩，隔水层遭到破坏，形成突泥涌水，这使得该段地质条件更加复杂，加大了施工处理的难度。

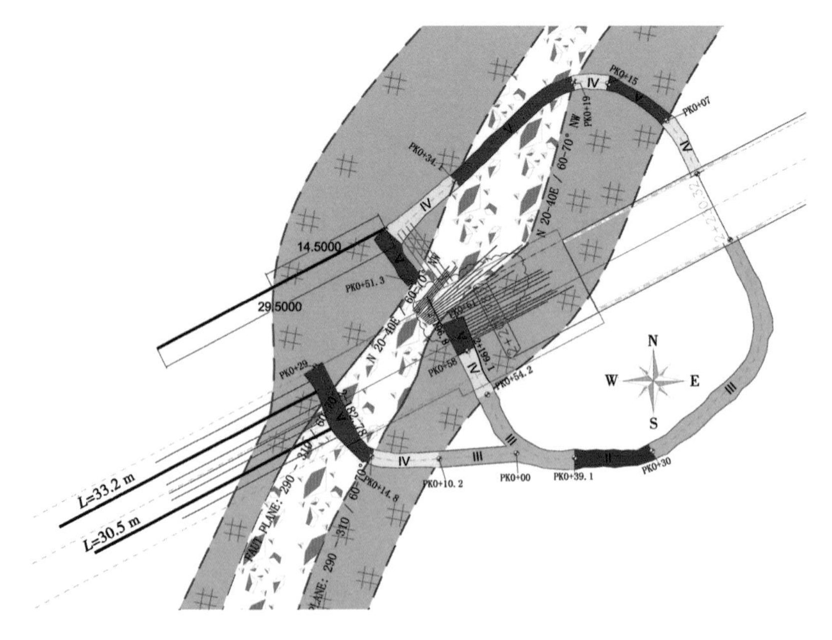

图 7-3　f500 断层及影响带与 TBM1 平面位置图

7.1.2　TBM1 卡机段施工

由于 f500 断层及影响带出现塌方及突泥涌水，TBM1 前盾、伸缩盾、支撑盾、尾盾全部被掩埋，同时涌水量达 500～2 200 L/s，针对出现的塌方、涌水采用分别开挖导洞对塌方体、涌水进行处理的施工方案。

施工程序：管片加固→开挖导洞→刀盘、盾体部位塌方处理→恢复掘进前管片处理→恢复掘进→导洞封堵。TBM1 卡机施工导洞布置示意图参见图 7-4。TBM1 卡机施工方案平面布置示意图见图 7-5。

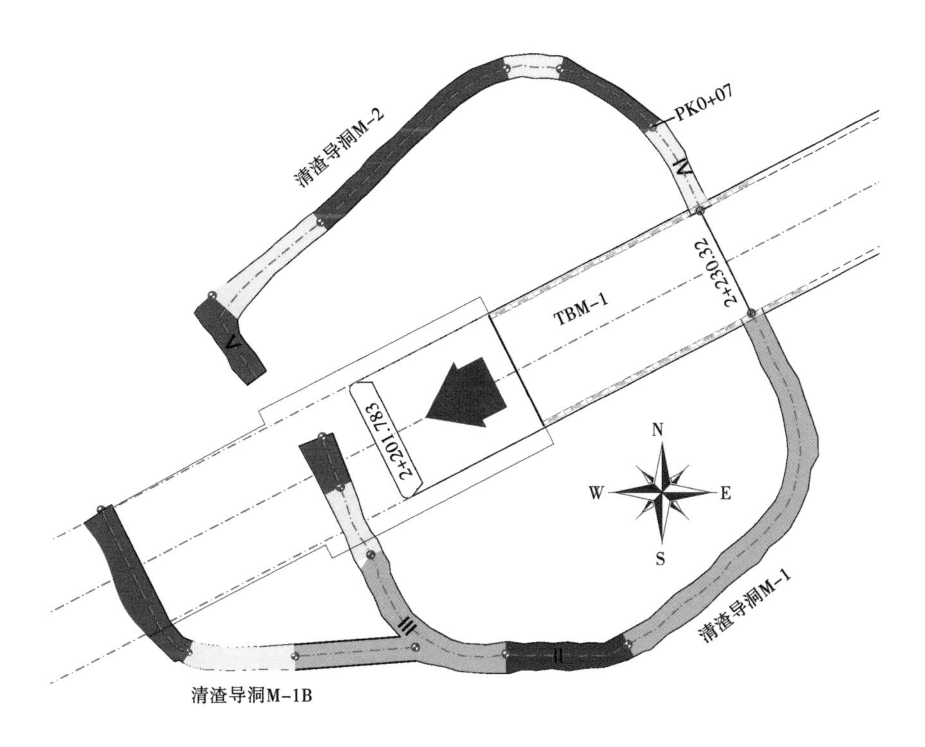

图 7-4　TBM1 卡机施工导洞布置示意图

施工过程共布置 3 条施工导洞，TBM1 卡机段施工导洞布置特性参见表 7-1。

在掘进方向右侧盾尾后第 10 环管片上开挖排水洞 M-2，从第 10 环管片向刀盘方向开挖，开挖断面 2.0 m×2.5 m，在开挖过程中边开挖边打超前孔，超前孔深度 3～6 m，试探涌水点，在涌水点附近停止开挖，并采用地质钻机钻孔排水，钻孔初拟 2 个，其一垂直顶拱，钻孔深度 20 m，其二与输水隧洞轴线成 60°，钻孔深度 20 m。在钻孔时若遇涌水点则停止钻孔，若没遇涌水点则现场更换位置重新钻孔或者确定其他方案；在掘进方向左侧盾尾后第 10 环管片处开挖导洞 M-1，从第 10 环管片开始向刀盘方向开挖，开挖断面 1.8 m×2 m。

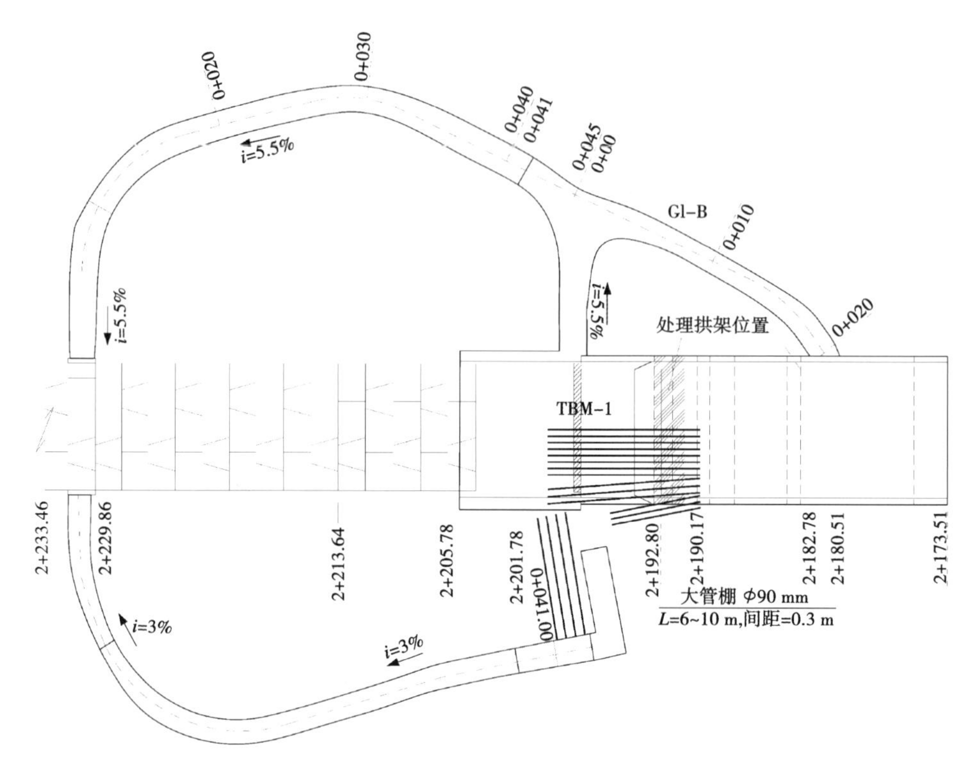

图 7-5　TBM1 卡机施工方案平面布置示意图

表 7-1　TBM1 卡机段施工导洞布置特性

支洞	起始桩号	终止桩号	长度（m）	断面（m×m）	坡度（%）	说明
M-1	2+230.32	2+198.56	61.8	1.8×2.0	5.5	位于 TBM1 掘进方向左侧，塌方处理出渣通道
M-2	2+230.32	2+195.85	52.5	2.0×2.5	3	位于 TBM -1 右侧，涌水段排水通道
M-1B	2+197.75	2+182.78	28.75	1.8×2.0	5	从 M1 支洞 0+45.4 处继续向上游开挖至 2+182.78，刀盘前方破碎岩体处理施工通道

根据 2014 年 3 月 24 日出渣洞及排水洞开挖揭露地质，对断层初步推断情况，决定在出渣洞 0+44.76 部位向上游方向增加 M1-B 导洞，主要目的是进一步探明输水隧洞前方地质情况，并作为排水通道，以便于更好地处理输水隧洞 2+194.983～2+212.407 段的塌方段。

2014 年 4 月 5 日在出渣洞开挖至桩号 0+62 位置时，靠近刀盘侧岩面出现大量渗水，暂停 M1-B 顺洞轴线方向开挖，立即转弯与输水隧洞相交，相交桩号为刀盘前 19 m 处，然后从刀盘前 19 m 处向下游方向开挖，TBM1 卡机塌方段处理剖面图见图 7-6。

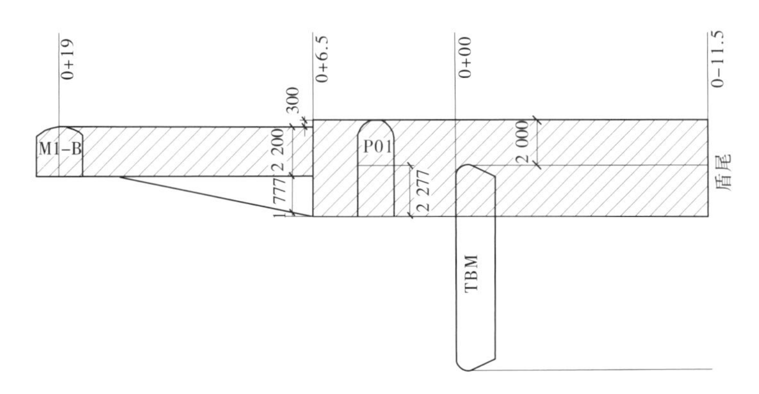

图7-6 TBM1卡机塌方段处理剖面图

7.1.2.1 管片加固及拆除

TBM卡机处理前需要提前对卡机段的管片进行加固处理,根据确定的导洞开挖方案,提前对尾盾后1~9环管片采用钢支撑进行加固,其中2~4环管片采用20 I型钢,第1环、5~9环采用16 I型钢加工,I型钢之间采用10#槽钢连接,间距小于2 m。

施工中实时对管片的变形进行监测。在TBM尾盾盾体上安装一组收敛变形监测仪器,监测塌方对盾体产生的变形影响;在盾尾后第3环、第11环管片上安装一组收敛变形监测仪器,监测处理过程中管片的变形情况。

导洞M−1、M−2分别在第10环管片的左右两侧开洞口。开洞口之前需对拆除管片采用ϕ25 mm药卷锚杆加固处理,并用螺栓加垫板的方式锁定管片,在锚杆强度达到70%以后,使用手风钻、电锤、切割机等对开洞口位置管片进行拆除。

7.1.2.2 导洞开挖

对M−1、M−2导洞附近的TBM设备进行必要的拆除、转移和保护。在M−1导洞洞口搭设平台并通过自制皮带与100#皮带相接,用于M−1支洞开挖渣料运输,平台采用钢结构现场搭设;在M−2导洞搭设平台及溜槽,渣料直接卸入100#皮带。

为减少爆破对TBM设备的影响,在洞口前5 m,循环进尺为0.5~0.8 m,采用浅孔弱爆破、多循环、短进尺开挖方法。在爆破时对洞口进行防护,避免飞石造成TBM设备损坏,在M−1、M−2支洞进入转弯段后,开挖循环进尺为2 m。开挖出渣采用人工装渣,手推车运输至皮带机,用皮带机运至洞外。Ⅲ类围岩喷混凝土8~10 cm,Ⅳ、Ⅴ类围岩钢支撑紧随掌子面进行安装,间距0.5~0.8 m,布设系统锚杆ϕ25 mm,$L=1.5$ m,锚杆间距1 m,喷混凝土10 cm厚。

7.1.2.3 塌方区处理

塌方区开挖分为两步,利用M−1、M−1B支洞先开挖上部扩挖段,上部导洞贯通后,沿隧洞轴线向下游开挖刀盘前方上导洞及刀盘至尾盾塌方体。

刀盘前方0+00~0+19上导洞开挖:开挖断面如图7-7所示,开挖按三区开挖,先开挖Ⅰ区,再开挖Ⅱ、Ⅲ区。其中,Ⅰ区超前Ⅱ、Ⅲ区2~3排炮。支护形式:超前锚杆(Φ25钢筋,$L=3$ m)+I 20钢支撑+挂网喷混凝土。

刀盘至尾盾0+00~0−11.5段开挖:开挖断面如图7-8所示,该段先开挖Ⅰ区,开挖排炮进尺1.2 m,钢支撑间距0.6 m。支护形式:先超前小导管(ϕ42 mm钢管,$L=3$ m)。I 20

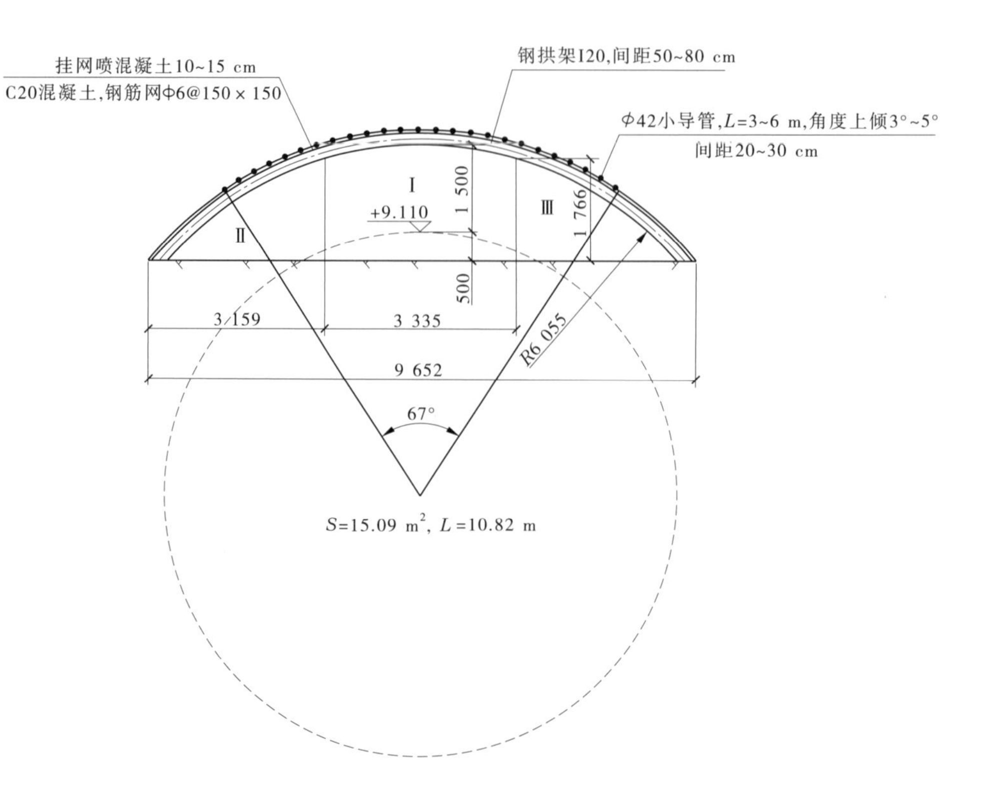

图 7-7　上导洞 0+00~0+19 段断面图　（单位:mm）

钢支撑,挂网喷混凝土。

7.1.2.4　**涌水处理**

TBM1 掘进至 f500 断层处,出现突涌水,涌水量最大达 2 200 L/s,稳定涌水量 400~500 L/s。涌水处理采用以排为主的方式。

右导洞 M-2 为施工排水洞,开挖至刀盘附近 2+195.85 位置后,钢支撑+ϕ 25 mm 锚杆钢筋网支护洞壁,在 M-2 排水洞端部向 TBM1 刀盘上方、前方(2 点~3 点位置)打排水孔(排水孔内安装ϕ 70~ϕ 90 mm 钢管),间距 30~50 cm,长度 10~12 m,排水孔参数根据现场情况进行了调整,以便将刀盘处的涌水从排水洞中引出,参见图 7-9。排水洞 M-2 中预埋ϕ 200 mm 排水管,涌水通过钢管引排至 TBM 主洞中排出。

7.1.2.5　**恢复掘进**

TBM1 恢复掘进前主要进行尾盾后 10 环管片加固、TBM 掌子面前方破碎岩体加固、扩挖段钢支撑加固及回填灌浆等。

1.4246~4254 环管片加固

采用固结灌浆对管片进行加固,灌浆孔为管片的安装孔,间距 3.6 m,每环 7 个孔,Ⅳ类围岩钻孔深度为 4.5 m,Ⅴ类围岩钻孔深度为 5 m。采用 YT-28 手风钻造孔,孔径不小于 38 mm。

管片加固后拆除原来的钢支撑,对破损管片破碎部位进行修补,对出现裂缝,且裂缝贯穿的管片采取化学灌浆措施进行处理。

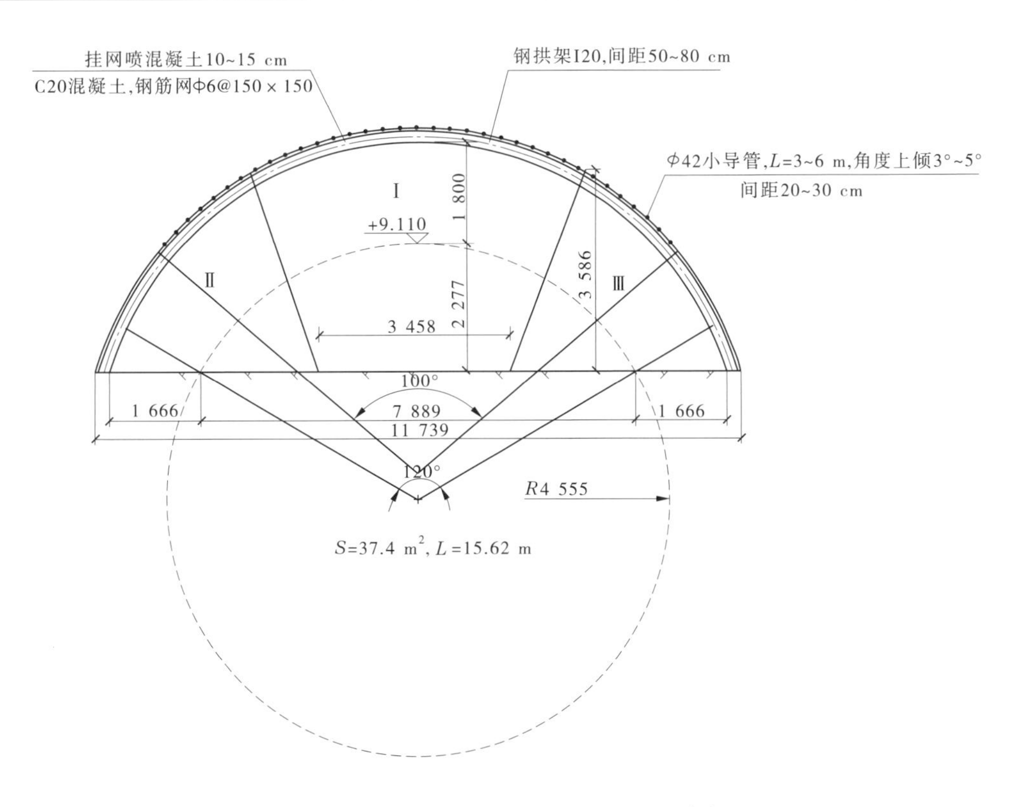

图 7-8　上导洞 0+00～0-11.5 段断面图　（单位:mm）

图 7-9　M-2 排水洞排水孔

2.2+213.64~2+175.78 段处理措施

在 2+213.64~2+175.78 段开挖支护完成后，TBM 掘进前，需将所有钢支撑安装锚杆，锚杆采用ϕ 25 mm，L=2~4 m（锚杆长度及方向根据现场安装空间确定），间排距2 m×2 m，从伸缩盾至 2+175.78 钢支撑地脚浇筑混凝土梁，并从刀盘至 2+175.78 段进行固结灌浆，灌浆孔深 4 m，孔距 2 m，灌浆压力 1 MPa，以避免 TBM 通过时边墙发生塌方，具体加固方案参见图 7-10。

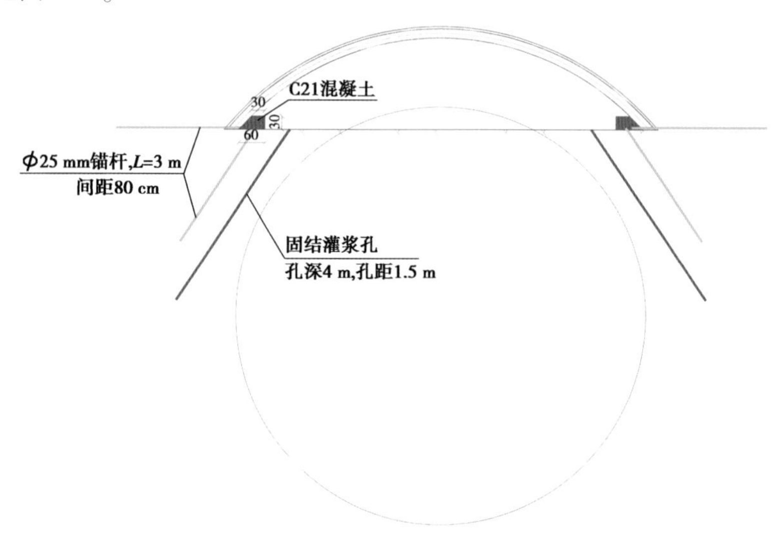

图 7-10　扩挖段加固示意图

钢支撑上部空腔进行回填灌浆，浆液浓度 1∶0.6~1∶1，灌浆压力不大于 0.2 MPa，连续 10 min 灌浆保持在 10 L/min，否则要对空腔进行回填豆砾石和混凝土。回填灌浆完成后对该部位进行固结灌浆，灌浆孔位按管片设计固结灌浆孔位布置，孔深 4.5 m，灌浆按照管片固结灌浆程序进行。

回填灌浆完成待回填灌浆具备一定强度后，在顶部及涌水较严重的 TBM 刀盘右部打灌浆孔，并利用水溶性聚氨酯化学灌浆材料的遇水固化，且固化后遇水膨胀的特性，在顶拱及 TBM 刀盘右部进行聚氨酯化学灌浆，进一步对涌水进行封堵。

TBM 顶拱至钢支撑部分空腔，在 TBM 掘进时采用豆砾石回填。考虑豆砾石回填灌浆浆液进浆难度。TBM 掘进时在灌浆孔位预埋 1 寸钢管，钢管长度距钢支撑面 10~20 cm。钢管预埋前在钢管上吹孔，孔径 1~2 cm。预埋管见图 7-11。

TBM 掘进后，由于顶部空腔较大，顶部回填容易一次对管片产生过大的压力，因此管片安装完成后，优先回填管片两侧空腔，顶部空腔 5~7 环再进行回填。TBM 通过该段区域后，上部豆砾石灌浆按管片二次回填灌浆的程序进行施工。

3.2+175.78 段掌子面处理

根据断层及破碎体走向推断，2+175.78 前面还存 15~20 m 破碎体。根据在 M-1B 支洞中地质探孔取芯情况分析，确定在 M-1B 支洞对 2+175.78 段掌子面前面的破碎体加固，加固形式为固结灌浆+超前小管棚。

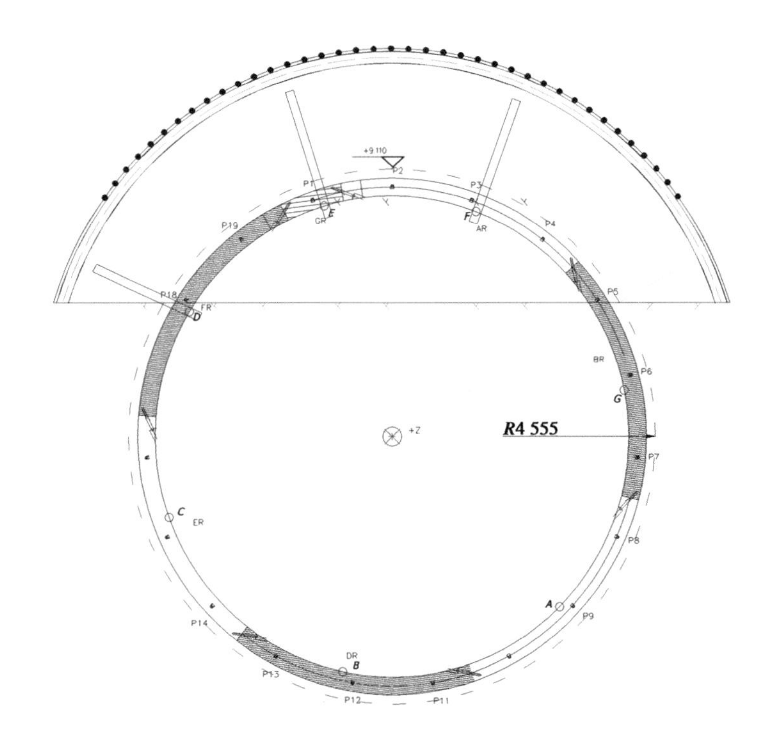

图7-11　固结灌浆预埋管断面图　(单位:mm)

灌浆孔位布置详见图7-12(其中○为Ⅰ序孔、●为Ⅱ序孔)。灌浆分段进行,段长一般为5 m,最大不超过8 m。

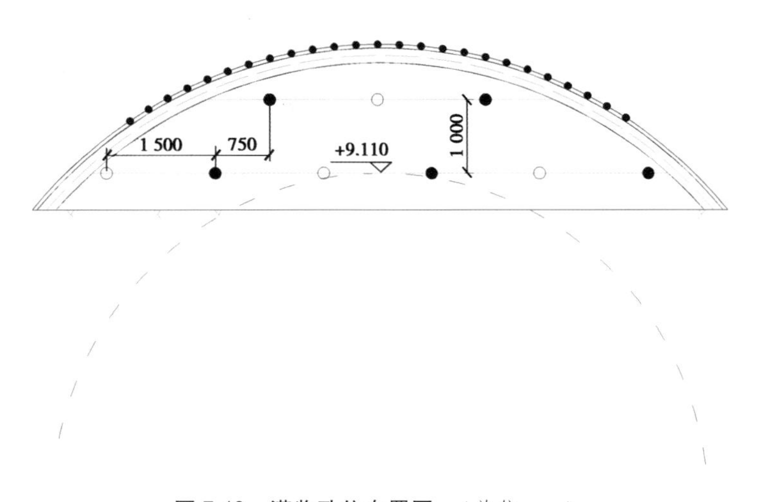

图7-12　灌浆孔位布置图　(单位:mm)

水泥灌浆压力:孔深0~5 m,0.5~1.0 MPa;孔深5~10 m,0.8~1.5 MPa;孔深10~15 m,1.5~2.0 MPa;孔深大于15 m,2.0~2.5 MPa。灌浆压力可根据现场施工情况适当调整。

水泥灌浆浆液水灰比一般采用2∶1、1∶1、0.8∶1、0.6∶1四个比级,灌浆起始水灰比为2∶1。

水泥灌浆液浓度应由稀变浓，逐级变换，浆液变换按以下原则执行：①当灌浆压力保持不变，注入率持续减小时，或当注入率不变而压力持续升高时，不得改变水灰比；②当某一比级浆液的注入量已达 300 L 以上或灌注时间已达 1 h 而灌浆压力和注入率均无改变或改变不显著时，应改浓一级；③当注入率大于 30 L/min 时，可根据具体情况越级变浓。

结束标准：灌浆段在最大设计压力下，当注入率不大于 2 L/min 时，继续灌注 15 min，灌浆即可结束。灌浆时观察在盾体等部位是否串浆，若串浆将停止灌浆。

管棚采用ϕ 90 mm 钢管，深度为 10 m。角度为 5°~10°，间距 30 cm。管棚施工完成后，钢管内注砂浆。

4.变形钢支撑加固

TBM 恢复掘进至 4 260 环后，由于扩挖断面右侧涌水的存在，在 TBM 掘进过程中涌水将钢支撑下脚掏空，造成右侧钢支撑悬空；同时 TBM 掘进过程中，对周边的扰动，导致右侧三榀钢支撑下沉落至 TBM 刀盘上，TBM 不能再继续向前掘进，需对下沉的钢拱架加固处理后再恢复 TBM 施工。

采用大管棚加固塌落岩体，管棚采用ϕ 90 mm 钢管，深度为 10 m。角度为 5°~10°，间距 30 cm，受施工空间限制，管棚参数适当调整。钢支撑变形段管棚布置剖面图见图 7-13。

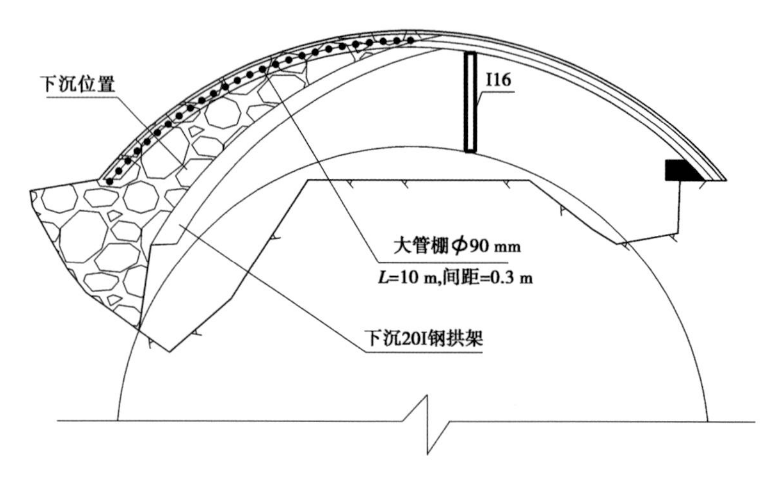

图 7-13 钢支撑变形段管棚布置剖面图

管棚施工完成后，对影响 TBM 掘进的变形钢支撑进行拆除，拆除先采用风镐将混凝土凿除，然后将变形钢支撑拆除。拆除一榀安装一榀。拆除时需采取临时措施对变形钢支撑进行稳固，以免发生次生危害。拆除后重新安装的钢支撑不能与刀盘有接触。

在对变形钢支撑处理期间，需对 2+190.17~2+175 段沿整个断层对钢支撑左右侧采用ϕ 90~ϕ 75 mm 钢管加固，深度 7 m（超过 TBM-1 横轴线向下超过 2 m），间距 30~50 cm，钢管安装完成后回填砂浆，再用 I16 对两侧的钢拱架底脚焊接，使其连接成一个整体。钢支撑变形段（2+190.17~2+175 段）加固剖面图见图 7-14。

以上工作完成后，检查设备情况恢复掘进拼装管片，在 TBM 通过该段后按 TBM 管片固结、回填灌浆程序对该段进行灌浆处理。

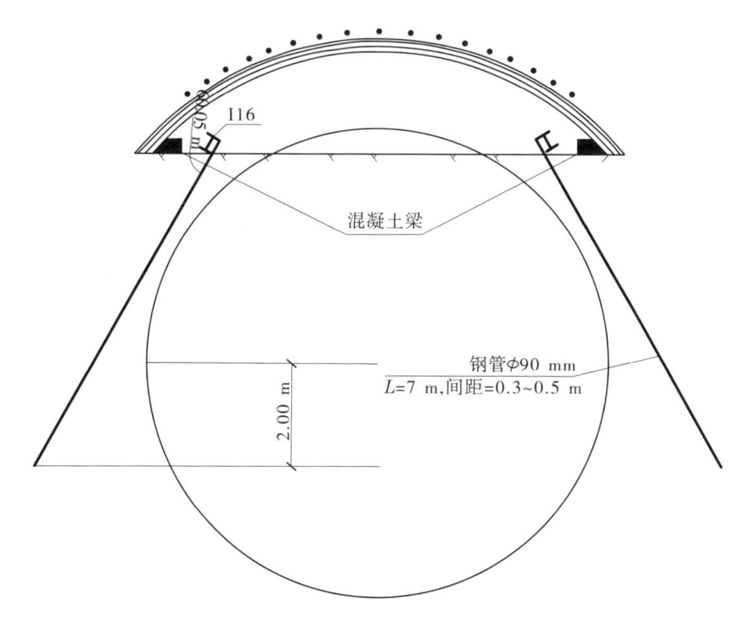

图 7-14　钢支撑变形段(2+190.17~2+175 段)加固剖面图

7.1.3　导洞封堵施工

在 TBM1 掘进通过桩号 2+172 以后,TBM 安全通过破碎带后,开始对导洞进行封堵。根据导洞开挖揭露的地质情况,导洞的封堵考虑分段进行,具体封堵形式见表 7-2,导洞封堵平面图见图 7-15。

表 7-2　导洞封堵形式

序号	项目	桩号	形式	长度(m)	说明
1	出渣洞(M−1)	0+00	现浇混凝土衬砌		待 TBM 通过后施工
2		0+00~0+10	豆砾石回填+水泥灌浆	10	
3		0+10~0+41	不处理	31	
4		0+41~0+54	豆砾石回填+水泥灌浆	13	
5		新增 M−1B	豆砾石回填+水泥灌浆	20	
6	排水洞(M−2)	0+00	现浇混凝土衬砌		待 TBM 通过后施工
7		0+00~0+10	豆砾石回填+水泥灌浆	10	
8		0+10~0+39	豆砾石回填	28	
9		0+39~0+48.4	豆砾石回填+水泥灌浆	9.4	排水孔与排水管相连接
10		0+48.4~0+51.4	豆砾石回填	3	排水管需防止细小颗粒外渗

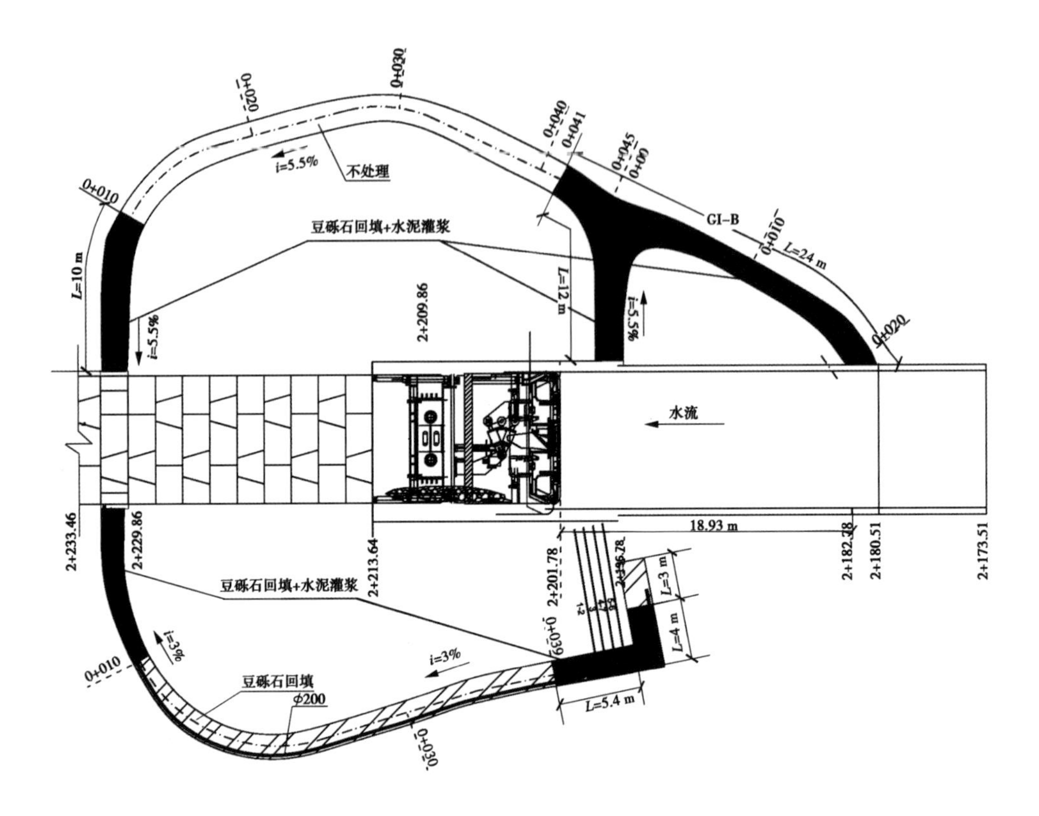

图 7-15　导洞封堵平面图

7.1.3.1　出渣洞 M-1、M-1M 封堵

出渣洞 M-1、M-1M 封堵程序：先回填 M-1B 再回填 0+43～0+54 段，最后回填 0+0～0+10 段。

(1)M-1B 和 M-1 的 0+43～0+54 段回填前在桩号 0+43 位置用沙袋做堵头，将灌浆管布置固定好并将灌浆管引出，待回填完豆砾石后再进行灌浆。

(2)M-1 的 0+00～0+10 段回填前在桩号 0+10 及桩号 0+00 位置处用袋装豆砾石将堵头做好，再进行豆砾石回填和固结灌浆。在桩号 0+00 位置堵头不能超过管片安装边线。

7.1.3.2　排水洞 M-2 封堵程序

排水洞 M-2 封堵程序先回填 0+51.4～0+39 段，再回填 0+10～0+39 段，最后回填 0+10～0+00 段。

(1)0+51.4～0+39 段：先将排水管及灌浆管布置并固定好，然后分别在桩号 0+51.4 和桩号 0+039 位置用袋装豆砾石将堵头做好。

(2)0+10～0+39 段：将排水管引至桩号 0+00 位置，在桩号 0+10 位置设置堵头，然后对该部位吹填豆砾石。

灌浆管采用 1 寸钢管或者 PVC 管，回填灌浆压力 0.3～0.5 MPa，水灰比采用0.6∶1～1∶1。

(3)排水洞排水管在 0+39～0+48.4 段采用φ 200 mm 钢管，排水孔与钢管连接采用

ϕ75 mm PVC管。0+39~0+00段排水管采用ϕ200 mm钢丝胶管。

(4)排水管进水口部位在管口采用铅丝网对管口进行防护,管口外用大于20 cm的块石包裹50 cm,然后吹填豆砾石。

(5)堵头段为防止灌浆时浆液外漏,堵头段用土工布对堵头覆盖一层。

7.1.3.3 现浇混凝土

对被切割管片进行现浇混凝土,首先按管片设计配筋安装钢筋,恢复管片止水,被切割管片处凿毛处理,并在浇筑前涂刷SIKA32黏结剂。模板采用钢模或木模,并固定稳定。混凝土配合比与管片配合比一致。

经过9个月的处理,TBM1成功脱困,并顺利通过地质断层带。

7.2 TBM2卡机处理

2013年12月9日凌晨,TBM2掘进至16+130~16+125.56段时,掌子面围岩出现塌方,出渣量相当于正常渣量的2倍。与此同时,TBM刀盘水泵出现故障,停机维修,2013年12月10日夜间,水泵修好,尝试启动刀盘,结果无法启动。首先决定对掌子面前方围岩进行化学灌浆加固,灌浆完毕后,于2013年12月12日晚间再次启动刀盘,无法启动,采用脱困扭矩后,刀盘仍然无法转动。2013年12月12日至2014年1月5日又在刀盘前继续进行化学灌浆,2014年1月5~6日TBM2试掘进仍然失败。至此,TBM2进入卡机处理阶段。

7.2.1 卡机段地质条件分析

16+130~16+093段出露的岩性主要为侏罗系—白垩系Misahualli($J-K^m$)地层青灰色、深灰色安山岩,岩体较破碎,碎裂—散体状结构,f512断层发育,洞段多处可见断层泥、糜棱岩及碎裂岩,岩石蚀变严重,以绿泥石化、绿帘石化为主,断层产状5°~20°∠70°~80°,围岩以Ⅳ、Ⅴ类为主。

TBM2刀盘附近约8 m(16+130.57~16+122.50段)岩体极破碎,f512断层发育,洞段多处可见断层泥、糜棱岩及碎裂岩,碎裂—散体结构,岩石蚀变严重,主要为Ⅴ类围岩,围岩稳定性很差,是造成TBM2卡机的主要原因。TBM2塌方段为16+130~16+127段,初步估计塌方量为100~150 m^3,塌方岩体最大粒径为60~80 cm。盾体及刀盘处岩石见图7-16。

7.2.2 TBM2卡机段施工

TBM2卡机是遭遇f512断层及破碎带塌方造成的,先行自身超高压无法脱困后,采用人工先开挖两侧施工旁洞、后开挖导洞揭顶的施工方案。

TBM2卡机处理施工程序参见图7-17。

TBM2卡机处理与TBM1卡机处理思路相同,方案均为开挖导洞脱困,不同之处在于TBM2破碎带没出现突涌水,无须进行涌水处理。本节主要简述TBM2卡机处理的方案

(a)伸缩护盾处围岩

(b)刀盘处塌落岩体

图 7-16　盾体及刀盘处岩石

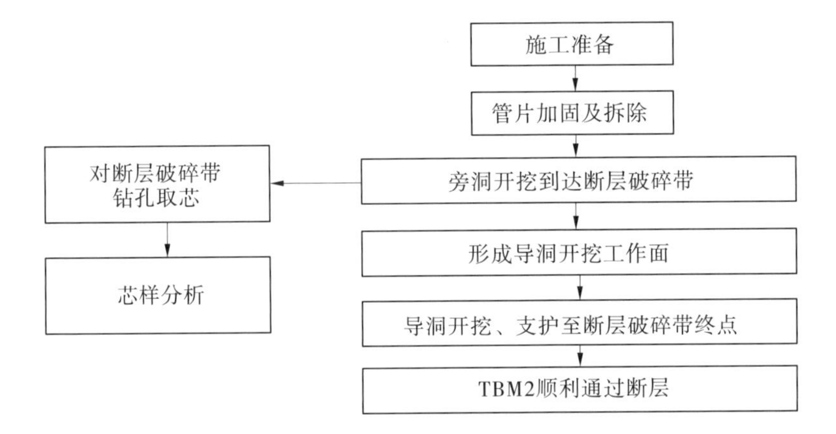

图 7-17　TBM2 卡机处理施工程序

布置及开挖支护参数。

TBM2 卡机处理共布置两条施工旁导洞，一条揭顶导洞，施工支洞布置特性见表 7-3。TBM2 卡机旁洞处理方案布置见图 7-18。

表 7-3　施工支洞布置特性

支洞	起始桩号	终止桩号	支洞长度（m）
左旁洞 PA	16+141.82	16+131.2	24.5
右旁洞 PB	16+141.82	16+135.6	27.6
导洞	16+134.5	16+086.5	48

根据左、右旁洞开挖后揭露出来的岩石情况，左、右旁洞拐点确定在输水隧洞桩号 16+134.87 处。从左右旁洞向中间径向开挖，逐步形成上部导洞圆开挖掌子面；向前领进开挖导洞直至穿过断层破碎带后进入较好围岩的洞段。

7.2.2.1　旁导洞施工

利用风镐或电镐在第 4793 环处对 AL、BL 和 FL 管片进行部分拆除，并切断钢筋，露出岩面。

人工手风钻钻孔，浅孔弱爆破，多循环、短进尺进行开挖，逐步形成旁洞开挖工作面，

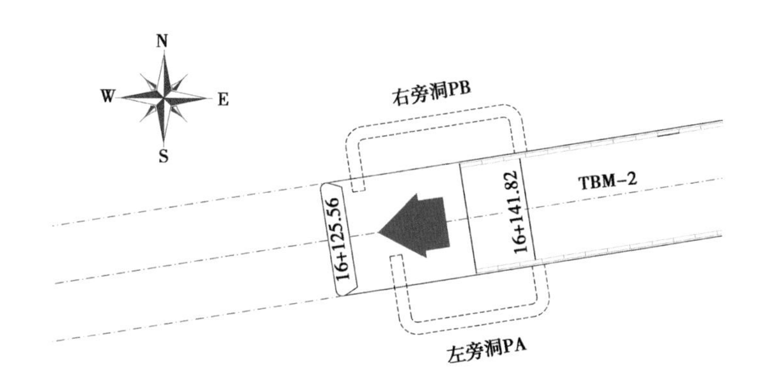

图 7-18　TBM2 卡机旁洞处理方案布置

并朝刀头方向延伸旁洞。为便于排水,旁洞延伸时保持约 1%的纵坡。进口位置先进行两茬掏槽爆破,再进行崩落孔和周边孔爆破。开挖出渣采用人工手推车将炮渣运至操作平台的溜渣孔,TBM 连续皮带系统运渣至洞外。

7.2.2.2　导洞施工

导洞分为两段,第一段:隧 16+141.82~16+124.56;第二段:隧 16+124.56 以后。

考虑到导洞地质条件差,开挖前对导洞顶拱 120°范围内采用手风钻施工自进式锚杆(Φ 25@ 350,L=6 m,外插角约 10°),形成超前管棚加固,以确保安全。每 3 个循环(约 2 m 进尺)进行一次超前锚杆施工。

导洞开挖主要采用手风钻进行钻孔,人工装药(小药量、短进尺、弱爆破),人工配合清挖;每循环进尺约 1 m,人工出渣。

第 8 章

设计优化变更及专利成果

8.1　主要的设计优化

8.1.1　方案布置

8.1.1.1　概念设计阶段 ELC 公司方案

电站引水从首部枢纽经沉沙池后清水通过旋流竖井消能后进入输水隧洞。输水隧洞总长度 24 825.43 m,内径 7.80~8.40 m,全部采用混凝土衬砌,衬砌厚度 0.25~0.40 m,出口端 2.50 km 洞长范围内采用双衬结构,一次、二次衬砌厚度分别为 0.30 m 和 0.25 m。

输水隧洞前半部分设计为明流状态,后半部分为压力流状态,两种流态的转换点依据引水流量和调蓄水库水位而定。输水系统设置了三套通气结构:在隧洞进口旋流竖井下游约 22 m 处,与旋流竖井平行布置一条通气孔,通气孔位于主溢流坝左边墙内,与坝内虹吸管相通,直径 2 m;在输水隧洞桩号 6+046.77 处,Malva Chico 支沟附近设一通气竖井,直径 2 m,深约 530 m;2#施工支洞附近桩号 10+851.92 处设一通气竖井,直径 2 m,深约 560 m。

8.1.1.2　基本设计阶段优化方案

由于原设计方案存在明满流过渡流态;过渡流态复杂;通气竖井施工难度大;隧洞出口段检修困难,需放空调蓄水库等缺点,因此黄河勘测规划设计研究院有限公司提出明流洞方案,结合首部枢纽布置方案优化,同时抬高隧洞进、出口高程保证隧洞正常运行时为明流的方案。

明流洞方案取消了水力条件相对复杂的涡流竖井、非常规的坝体内虹吸管以及施工极其困难的两个通气竖井,简化了工程布置及施工,节约了大量投资。

8.1.2　TBM 管片衬砌配筋

输水隧洞 TBM 管片根据地质条件分成 B、C、D 三种管片类型,B 型管片适用于Ⅱ、Ⅲ类围岩,C 型管片适用于Ⅳ类围岩,D 型管片适用于Ⅴ类围岩,其中 B 型管片用量最大,约占全部管片的 76%。原 B 型管片结构设计是基于 EPC 合同规定的美国规范,含钢量为 115.78 kg/m^3。

然后根据欧洲规范对 B 型管片进行了优化设计计算,优化后的含钢量为 91.16 kg/m^3,减少了 24.62 kg/m^3。输水隧洞 B 型管片的优化设计为输水隧洞工程节省了 2 276.71 t 钢筋,约合 445.2 万美元。

8.2　主要的设计变更

8.2.1　检修通道设计变更

在基本设计阶段,在沉沙静水池设置车道,可以从输水隧洞进口进入输水隧洞,从而

解决输水隧洞的检修问题。

在详细设计阶段,应业主要求,为方便输水隧洞检修,将 2B 施工支洞改建成检修支洞,从而可以从输水隧洞进口和中部两处进入输水隧洞进行检修。

2B 检修通道的设计充分利用了 2B 施工支洞及 TBM2 拆机洞室,通过在 2B 施工支洞洞底采用石渣回填为坡度 10%的人字坡,其上采用 0.5 m 厚 C 级混凝土作为路面,路面最高点高程 1 254.53 m,高于此处输水隧洞主洞水位,从而既能挡水,在隧洞正常运行时,隧洞内的水不会流进 2B 支洞,又可以作为检修通道,在隧洞排空后可从此处进入输水隧洞进行检修。2B 检修通道平面布置见图 8-1。

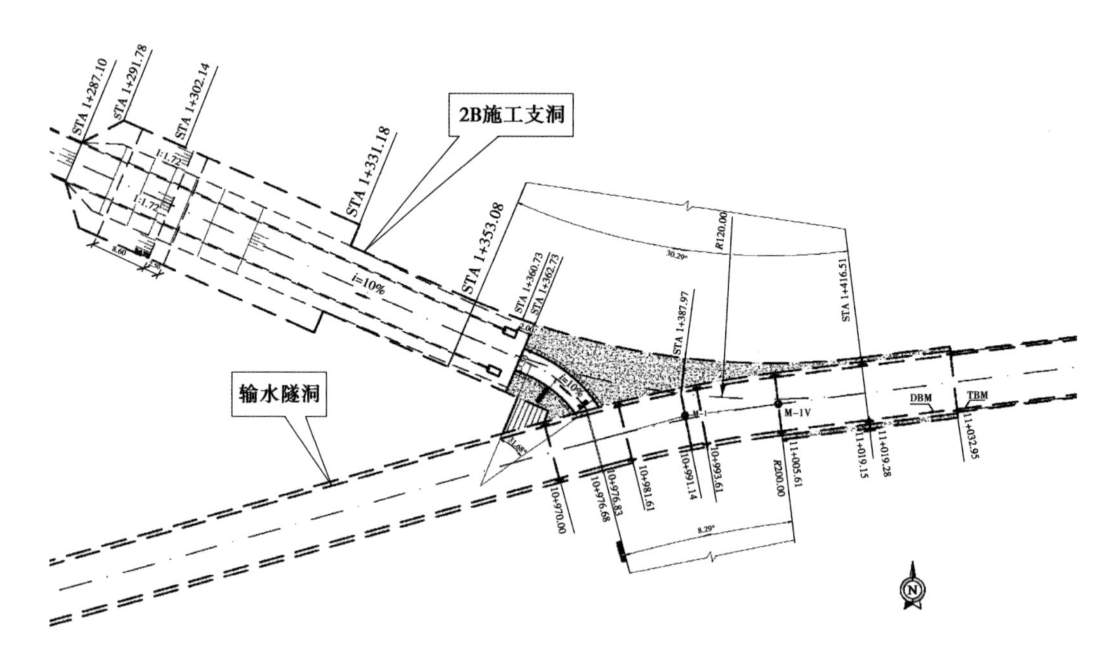

图 8-1　2B 检修通道平面布置

8.2.2　管片钢筋图设计变更

在施工图阶段,为节省投资,输水隧洞 TBM 管片根据地质条件分为 A、B、C、D 四种类型,分别适用于Ⅱ、Ⅲ、Ⅳ、Ⅴ类围岩。在实际施工过程中,为施工方便,将 A、B 型管片合并,即Ⅱ、Ⅲ类围岩均采用 B 型管片。

根据 EPC 合同规定,输水隧洞管片结构计算采用美国规范,其中 B 型管片含钢量为 115.78 kg/m³,于 2012 年 5 月 16 日获得咨询的批准(函号:AC-SHC-Q-417-2012)。

在施工过程中,通过设计相关方进一步研究,输水隧洞 B 型管片结构按照欧洲规范进行了优化设计,新设计改变了 EPC 合同中所要求的美国规范,获得了咨询和业主的认可,优化后的含钢量为 91.16 kg/m³,减少了 24.62 kg/m³。优化后的 B 型管片钢筋图于 2013 年 4 月 30 日获得了咨询批准(函号:AC-SHC-Q-1051-2013),优化后的 B 型管片于 2013 年 5 月投产使用。

8.3　专利成果

8.3.1　发明专利——施工支洞回填改建检修支洞的方法

2B 施工支洞进口位于 2A 施工支洞下游 Coca 河右岸支沟内，末端与输水隧洞交叉点桩号为 11+005.61，长度为 1 370.24 m，断面形式为城门洞型，断面尺寸为 6.50 m×6.50 m，采用喷锚支护。2B 施工支洞后期改建为输水隧洞检修支洞，施工方法简单、投资少、速度快，该“施工支洞回填改建检修支洞的方法”取得了发明专利证书，见图 8-2。

8.3.2　发明专利——盾构管片与现浇混凝土接触部位的止水方法

CCS 输水隧洞预制管片与现浇混凝土接触部位的止水方法，按照下述步骤进行：

隧洞掘进完成后，待管片衬砌稳固后，在管片端面的环槽内放置橡胶止水环，然后用 U 形卡箍和膨胀螺栓固定；

进行隧洞现浇混凝土衬砌的浇筑，浇筑过程使现浇混凝土衬砌与盾构管片端面之间沿隧洞径向预留 8～12 mm 接缝；

在接缝内橡胶止水环一端向隧洞中心轴线方向依次充填聚乙烯板、聚硫密封胶和水泥砂浆。

本发明优点在于成功解决了预制管片与现浇混凝土衬砌之间的止水问题，同时施工方便，止水效果较好，该“盾构管片与现浇混凝土接触部位的止水方法”取得了发明专利证书，见图 8-3。

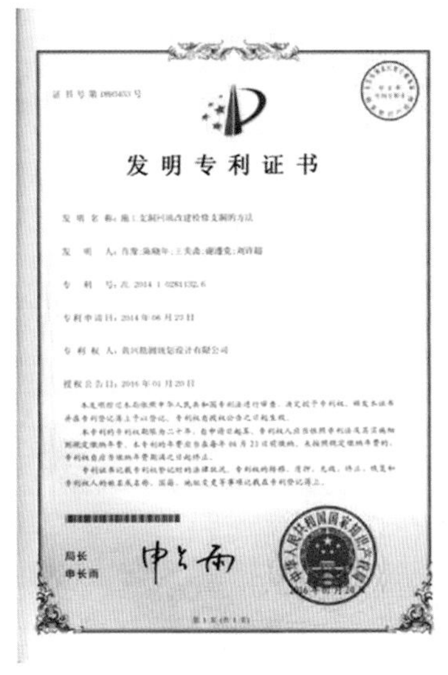

发明专利证书

发明名称：施工支洞回填改建检修支洞的方法

专利申请日：2014 年 06 月 23 日

授权公告日：2016 年 01 月 20 日

局长 申长雨

图 8-2　发明专利证书（一）

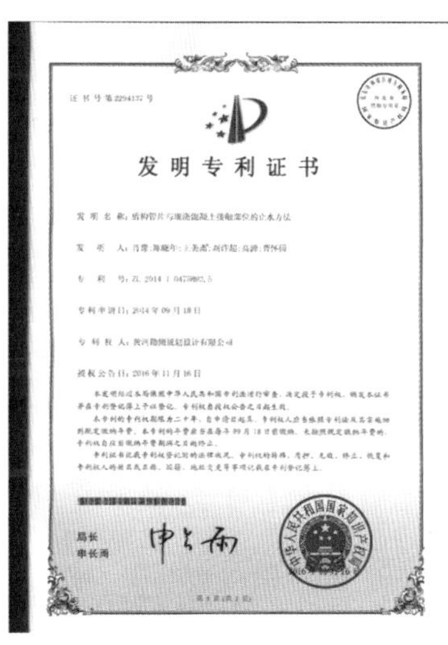

发明专利证书

发明名称：盾构管片与现浇混凝土接触部位的止水方法

专利申请日：2014 年 09 月 18 日

授权公告日：2016 年 11 月 16 日

局长 申长雨

图 8-3　发明专利证书（二）

8.3.3 实用新型专利——用于护盾掘进机的圆弧板结构管片

实用新型专利证书见图 8-4。

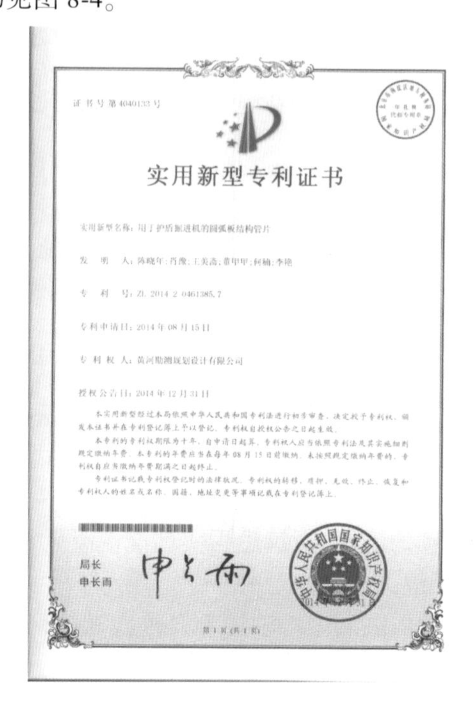

证书号第4040133号

实用新型专利证书

实用新型名称：用于护盾掘进机的圆弧板结构管片

发 明 人：陈晓年；肖豫；王美斋；董甲甲；何楠；李艳

专 利 号：ZL 2014 2 0461385.7

专利申请日：2014年08月15日

专 利 权 人：黄河勘测规划设计有限公司

授权公告日：2014年12月31日

本实用新型经过本局依照中华人民共和国专利法进行初步审查，决定授予专利权，颁发本证书并在专利登记簿上予以登记。专利权自授权公告之日起生效。

本专利的专利权期限为十年，自申请日起算。专利权人应当依照专利法及其实施细则规定缴纳年费。本专利的年费应当在每年08月15日前缴纳。未按照规定缴纳年费的，专利权自应当缴纳年费期满之日起终止。

专利证书记载专利权登记时的法律状况。专利权的转移、质押、无效、终止、恢复和专利权人的姓名或名称、国籍、地址变更等事项记载在专利登记簿上。

局长
申长雨

中华人民共和国国家知识产权局

第1页（共1页）

图 8-4 实用新型专利证书

第9章

总　结

CCS 水电站于 2010 年 7 月开工建设,2016 年 11 月建成竣工。CCS 输水隧洞在整个 CCS 水电站项目中起到承上启下的关键作用,隧洞总长 24.83 km,最大埋深 722 m,是目前南美已建的最长的大埋深输水隧洞之一,YREC 项目组克服了各种困难,顶住了压力,与参建各方共同深入研究,结合地下硐室结构特点及工程总体布置、地质条件、施工进度、减少施工干扰等要求对输水隧洞进行总体规划布置,通过对其工程布置、输水方式、施工方法、结构设计等关键问题的研究和优化,有效地解决了投资、工期、安全、协调等问题,确保了总工期,目前输水隧洞运行良好,CCS 输水隧洞的设计为复杂地质条件下长隧洞的设计、施工提供了借鉴经验。

(1)方案布置:概念设计阶段意大利 ELC 公司的设计方案存在明满流过渡且流态转换频繁、转换点位置不固定、通气竖井施工难度大、需放空调蓄水库才能对隧洞出口段检修等缺点,黄河勘测规划设计研究院有限公司提出明流洞方案,取消了涡流竖井、坝内虹吸管以及两个通气竖井,简化了工程布置及施工,节约了大量投资。

(2)CCS 水电站输水隧洞Ⅱ~Ⅴ类围岩均有一定范围的分布,选用双护盾 TBM,既具有开敞式 TBM 掘进硬岩能力,又具有单护盾 TBM 突破稳定性差围岩的能力,实践表明:双护盾 TBM 在 CCS 水电站输水隧洞的运用是成功的。

(3)管片选型:隧洞设计内径 8.2 m,衬砌管片厚度只有 0.3 m,设计环宽 1.8 m。设计采用了通用型管片,管片类型少,不同地质条件下及转弯、纠偏时不需频繁更换管片类型。为节省投资,CCS 输水隧洞根据地质条件可分为 A、B、C、D 四种类型,分别适用于Ⅱ、Ⅲ、Ⅳ、Ⅴ类围岩,但该分类方案管片种类较多,并不利于 TBM 掘进施工时管片的运输和效率发挥,通过与各参建单位共同研究后决定,将 A、B 型管片合并,即Ⅱ、Ⅲ类围岩均采用 B 型管片,Ⅳ、Ⅴ类围岩采用 D 型管片,B、D 两种通用型管片形式大大简化了施工,提高了 TBM 掘进速度,其中 TBM2 创造了单月进尺 1 000.8 m,同规模洞径 TBM 掘进速度世界第三的纪录。

(4)管片的细部设计:管片的细部设计很重要,CCS 输水隧洞管片强度、配筋、灌浆孔、定位孔、螺栓连接孔、燕尾槽等设置合理,进一步保证管片制作、脱模、安装时的施工质量。

(5)管片结构设计:CCS 水电站 EPC 合同要求使用美国标准体系进行工程设计,因美国规范、欧洲规范、中国规范的理念不完全相同,为保证输水隧洞的工程安全和经济合理,在 TBM 管片衬砌结构设计过程中,分别采用上述三种标准体系进行研究。通过比较分析,中国规范和欧洲规范基本一致,美国规范与欧洲规范、中国规范的荷载组合在形式上是相似的,修正的 ACI318 法(Modified ACI318)对水工结构进行设计则需要引入水力作用系数,而中国规范和欧洲规范是没有的。美国规范采用的水力作用系数 1.3,其实是考虑了水利工程的荷载不确定性而增加的安全系数,对于 CCS 输水隧洞而言,影响隧洞安全的荷载主要为外水压力,设计中为了进一步减少外水压力对管片衬砌的影响,对于Ⅱ~Ⅳ类围岩,根据隧洞开挖后揭示出的地下水情况,有渗水处在隧洞顶拱部位、水面以上均设置了排水孔,无渗水时可根据现场情况取消排水孔,Ⅴ类围岩洞段则全部设置排水孔,采取上述排水孔措施后,可有效地降低外水压力,保证工程的安全,因此即使不考虑美国规范中的 1.3 水力作用系数,按照欧洲规范、中国规范计算的结果也是安全可靠的,经设计、咨询和业主充分沟通论证后一致认可采用欧洲规范计算的配筋成果。

(6)施工支洞改检修支洞:利用2A施工支洞回填封堵,留设检修通道,改建成检修支洞,避免了增设检修闸门,不仅降低了施工难度和工程投资,经济易行且缩短了工期,而且该检修支洞还可兼作明流输水隧洞的通气洞。检修支洞既可以在运行期挡水,又可以在检修期放空输水隧洞主洞的情况下对输水隧洞主洞进行检修。该方法尤其适用于长距离、大直径、深埋输水隧洞(明流洞)的施工支洞回填改建检修支洞。

(7)隧洞施工中遇到的工程地质问题主要有断层破碎带塌方、涌水等,共引起2次卡机事件、4次涌水事件,对TBM掘进造成了较大的影响,后经开挖旁洞、增加排水泵等措施后,TBM通过了不良地质段。

参考文献

[1] 王仁坤,张春生.水工设计手册:第 8 卷 水电站建筑物[M].2 版.北京:中国水利水电出版社,2013.
[2] T.D.奥罗克.隧道衬砌设计指南[M].北京:中国铁道出版社,1987.
[3] 张金良,谢遵党,邢建营.CCS 水电站若干设计难点研究与突破[J].人民黄河,2019,41(5):96-100.
[4] 谢遵党,杨顺群.厄瓜多尔 CCS 水电站的设计关键技术综述[J].水资源与水工程学报,2019,30(1):137-142.
[5] 谢遵党,陈晓年.CCS 水电站输水隧洞设计关键技术问题研究[J].人民黄河,2019(6):85-88.
[6] 陈晓年,肖豫,何楠.施工支洞改建为检修支洞的结构设计与分析[J].人民黄河,2019(6):103-106.
[7] 陈晓年,王美斋,肖豫.基于 LUSAS 的水工隧洞衬砌计算分析[J].人民黄河,2013(24):118-119.
[8] 邢建营,魏萍,陈晓年,等."一带一路"国际项目建设见证黄河设计的智慧与担当——厄瓜多尔 CCS 水电站设计工作掠影[J].人民黄河,2019(6):-F0002.
[9] U. S. Army Corps of Engineers.Srength Design for Reinforced Concrete Hydraulic Structures:EM1110-2-2104[S].Washington:1992.
[10] U. S. Army Corps of Engineers.Tunnels and Shafts in Rock:EM1110-2-2901[S].Washington:1997.
[11] ACI Committee 318.Building Code Requirements for Structural Concrete and Commentary:ACI 318R-08[S].Detroit: American Concrete Institute,2008.
[12] British Standards. Eurocode 2: Concrete structures Design - Part 1.1: General rules and rules for buildings: BS EN 1992-1-1:2004 [S].London:British Standards Institution,2004.
[13] 中华人民共和国水利部.水工混凝土结构设计规范:SL 191—2008 [S].北京:中国水利水电出版社,2008.
[14] 惠世前,金长文.CCS 水电站大断面长隧洞双护盾 TBM 掘进技术[J].云南水力发电,2014(5):78-81.
[15] 王美斋,肖豫,陈晓年,等.厄瓜多尔 CCS 水电站 TBM 引水隧洞左右通用型管片的设计与实践[J].资源环境与工程,2017,31(5):606-609.
[16] 刘增强,史玉龙,梁春光.厄瓜多尔 CCS 水电站 BIM 综合应用[J].水利规划与设计,2018(2):14-18.
[17] 杨继华,齐三红,郭卫新,等.厄瓜多尔 CCS 水电站引水隧洞 TBM 选型及工程地质问题与对策[J].资源环境与工程,2017(4):425-430.
[18] 金长文.厄瓜多尔 CCS 水电站输水隧洞施工简介[J].云南水力发电,2014(5):8-10.
[19] 尹德文,汪雪英,杨晓箐.厄瓜多尔 CCS 水电站输水隧洞优化设计总结及体会[J].隧道建设(中英文),2019,39(2):246-253.
[20] 杨继华,杨风威,姚阳,等.CCS 水电站引水隧洞 TBM 断层带卡机脱困技术[J].水利水电科技进展,2017(5):89-94.
[21] 李志乾,耿波,台航迪.CCS 水电站大型沉砂池设计[J].珠江水运,2014(22):60-61.
[22] 肖豫,邢建营,武彩萍.CCS 水电站输水隧洞水力特性研究[J].人民黄河,2019(6):89-93.
[23] 张国来,吴国英,武彩萍,等.厄瓜多尔 CCS 水电站首部枢纽冲沙闸水力特性研究[J].中国农村水利水电,2013(12):154-157.
[24]杨继华,齐三红,杨风威,等.CCS 水电站输水隧洞工程地质条件分析与处理[J].人民黄河,2019

(6):94-98.
[25]杨继华,齐三红,郭卫新,等.厄瓜多尔 CCS 水电站 TBM 法施工引水隧洞工程地质条件及问题初步研究[J].隧道建设,2014,34(6):513-518.
[26]杨继华,苗栋,杨风威,等.CCS 水电站输水隧洞双护盾 TBM 穿越不良地质段的处理技术[J].资源环境与工程,2016,30(3):539-542.
[27] 李雷,王国辉.混凝土管片制作工艺在厄瓜多尔 CCS 水电站的应用[J].东北水利水电,2014,32(10):16-17.
[28] 陈丽晔,王春,姚宏超.CCS 电站隧洞钢衬美国标准与中国标准对比[J].人民黄河,2014(12):94-96.
[29] 张智敏,苏凯,伍鹤皋.中美水工混凝土结构配筋方法在隧洞设计中的应用比较[C]//水电站压力管道:第八届全国水电站压力管道学术会议论文集.北京:中国水利水电出版社,2014:624-633.
[30] 王美斋,董甲甲.TBM 输水隧洞管片衬砌型式的设计研究与应用[J].水电与新能源,2017(7):20-22.
[31] 杨继华,景来红,李清波,等.TBM 施工隧洞工程地质研究与实践[M].北京:中国水利水电出版社,2018.
[32] 孙波,傅鹤林,张加兵.基于修正惯用法的水下盾构管片的内力分析[J].铁道科学与工程学报,2016,13(5):929-937.
[33] 苏华友,汪家林.TBM 施工中的质量控制与管理[J].岩石力学与工程学报,2004(11):1930-1934.
[34] 翟明杰,穆咏梅,石维新.有限元法在浅埋暗挖输水隧洞衬砌受力研究中的应用[J].水利水电技术,2009,40(11):76-79.
[35] 胡云进,钟振,黄东军,等.压力隧洞衬砌结构型式选择准则[J].浙江大学学报:工学版,2011,45(7):1314-1318.
[36] 王勇,高强.厄瓜多尔 CCS 项目 TBM 灌浆施工探讨[J].四川水力发电,2014,33(4):36-39.
[37] 张国.厄瓜多尔 CCS 项目双护盾 TBM 通过断层破碎带施工技术研究与实施[J].水利建设与管理,2018(6):1-6.
[38] 苑淑光.厄瓜多尔 CCS 项目输水隧洞 TBM 施工[J].湖南水利水电,2015(2):17-20.
[39] 陈勇,王生.厄瓜多尔 CCS 项目 TBM 管片结构设计研究[J].四川水力发电,2014(4):7-11.
[40] 张国.厄瓜多尔 CCS 项目 TBM2 拆机硐室的设计与施工[J].四川水力发电,2018(3):8-11.